THE PROCESS MATTERS

ENGAGING AND EQUIPPING PEOPLE FOR SUCCESS

目標不講仁慈，但做事不需要傷痕

既要求成果、也講究「高品質過程」的管理小革命

喬爾·布洛克納 JOEL BROCKNER ■ 著
簡美娟 ■ 譯

目標不講仁慈，但做事不需要傷痕
既要求成果、也講究「高品質過程」的管理小革命

The Process Matters: Engaging and Equipping People for Success
© 2016 by Princeton University Press
Complex Chinese edition 2017 © by Briefing Press, a division of And Publishing Ltd.
This edition arranged through Bardon-Chinese Media Agency.
博達著作權代理有限公司

大寫出版 Briefing Press
書系 知道的書 In Action／書號 HA0074
著者 喬爾・布洛克納 JOEL BROCKNER
譯者 簡美娟

行銷企畫 郭其彬、王綬晨、陳雅雯、張瓊瑜、余一霞、汪佳穎
大寫出版 鄭俊平、沈依靜、李明瑾
發 行 人 蘇拾平
出 版 者 大寫出版
地　　址 北市復興北路 333 號 11 樓之 4
電　　話（02）27182001／傳　　真（02）27181258
發　　行 ◎ 大雁文化事業股份有限公司
讀者服務信箱 E-mail: andbooks@andbooks.com.tw
大雁出版基地官網：www.andbooks.com.tw

初版一刷 ◎ 2017 年 10 月
定　　價 ◎ 320 元
ISBN ◎ 978-986-95197-3-1

國家圖書館出版品預行編目 (CIP) 資料

目標不講仁慈，但做事不需要傷痕
既要求成果、也講究「高品質過程」的管理小革命
喬爾 . 布洛克納 (Joel Brockner) 著 ; 簡美娟譯 . 初版 . 臺北市 :
大寫出版 : 大雁文化發行 , 2017.09
320 面 ; 15*21 公分 . (使用的書 In Action ; HHA0074)
譯自 : The process matters : engaging and equipping people for success
ISBN 978986-95197-3-1(平裝)

1. 組織變遷 2. 組織再造 3. 組織管理
494.2　　106013318

目錄

CONTENTS

第四章 因人而異的過程

第五章 就道德面而言，過程一樣重要

第1章

導讀——做事方法很重要

試試看你能否發現以下兩種情況的共同點：

(1)「約翰」在大型投資銀行上班。平常工作已經戰戰兢兢，但這次他真覺得大事不妙了。公司連續幾季經營不善。在最近一次和主管開會時，他和團隊接到嚴厲的指示：他們的業績必須比上一季提高十五個百分點。約翰無法忘記老闆扔下這麼一句話：「我不管你們怎麼做到，總之非做到不可。」

(2)有一天，我參加哥倫比亞大學社區籃球自由投比賽，很晚才回到家。我對比賽結果很滿意。五十名社區成員參賽者當中，我和另一名參賽者成績不相上下（二十五球投進二十二球），必須進行延長賽。因為對方在延長賽勝出，所以我是第二名。隔天早餐時刻，我三個兒子問我比賽情形，他們的年紀分別是五歲到七歲。我決定把這事當成教育他們的機會，灌輸類似生命的意義不只在輸贏等想法。於是我告訴他們，我盡了最大努力，而且非常享受這次經驗，喔，還有，五十名參賽者中，我名列第二。不過，兒子的話迅速讓我回到現實，他們說：「所以你輸了！」接著不約而同哭了起來。

以上兩種情形乍看之下，彼此似乎沒什麼關連，但其實有一個值得注意的共同點：**我們都很在意結果**。

當然，有些耳熟能詳的說法，正好證明了我們對結果的重視，例如「最後結果是……」或是「到頭來……」。先別誤會——我們當然要在意結果。我們寧可成功，也不要失敗，多賺也不要少賺。但問題在於，我們太過在意結果，反而遮蔽了一個事實，那就是我們如何得到結果的方法——所謂的「**過程**」，同樣有強大的影響力。

決策接受者真的很在意過程處理的方式。這滋味問問雷諾（Jay Leno）就知道了，他是美國NBC電視台節目《週末夜現場》（The Tonight Show）的長青主持人。二○○九年，NBC決定換掉他，改由歐布萊恩（Conan O'Brien）主持，他覺得很難接受。為什麼？難道是因為這個深夜節目才達到顛峰，他們就通知他走人，所以他很生氣？還是因為以六十高齡，有個比他年輕十到十五歲的人取代了他，他覺得很傷心？雖然我們很難得知真正的原因，但從他最近又被法隆（Jimmy Fallon，他比歐布萊恩還年輕）取代的反應看來，似乎可以得到一絲線索。如他自己所說，「這次和上次不同的是我參與了過程。上次決策進行時，我被排除在外。有天我去上班時〔突然〕被告知，你被解雇了。但這次感覺不錯。」

第二次雷諾覺得滿意的部分原因，也許是ＮＢＣ總裁伯克（Steve Burke）堅持宣布任何異動前，都必須先和雷諾開會討論。會後伯克說，「我們的目標無疑是順利完成交接。以杰伊對公司二十年的重大貢獻，他值得這樣的禮遇。」ＮＢＣ資深管理團隊的另一名重要人士麥克斯（Lorne Michaels）（《週末夜現場》的創作人），他同意道：「這次交接的重點，完全要考慮所有參與人的感受。這是透明的過程。」法隆也大表支持：「我對杰伊（雷諾）只有尊敬。若不是他，我根本不可能主持節目。」[1]

雷諾的例子說明了本書三大重點。首先，針對同樣的決策，過程處理得好或不好時，觀察杰伊的反應有何不同。俗話說，不只是你做了什麼，更是你怎麼做。第二，過程要處理得好，總免不了一些簡單步驟，例如邀請決策相關人士參與、表達敬意和透明化處理。非常簡單。況且好的處理過程也許不需要太多有形資源。以雷諾為例，只需要幾個重要人物表達對他真誠的敬意；花不了多少時間和金錢。第三，既然過程非常重要，你可能會認為大部分時候過程都處理得當。但很遺憾又值得警惕的是，事實並非如此。

因此，在本書中，我會探討事情處理得當如何造成重大影響。不論對員工生產力和士氣、長期低成就學生的課業表現、我們的道德表現，甚至是我們的自我意識各方面，都有正面的作用。雷諾的故事絕非個案。

同時，我也會討論「事情處理得當」的相關要素。影響雷諾過程滿意度的具體因素只是故事的一部分，進行高品質過程還有許多其他要素。我也會解釋為何我們經常無法正確處理事情這類的難題。說到底，如果有個簡單明瞭的做法可以發揮很好的正面作用，為什麼我們往往做不到呢？到底是什麼阻礙了我們？我們必須發現障礙，才能想出解決辦法，進而獲得正確處理事情的許多好處。

本書內容規劃

整體上，我會思考各式各樣的情境，包括雙方至多方彼此的互動、彼此形成的關係，以及一起努力完成任務或達到目標的情形。多數例子都來自職場：例如員工如何因應組織的重大變動，如合併或收購活動。我也會檢視更細微的職場衝突，例如員工與上司的一對一互動情形。本書內容也和處於權威地位的人息息相關，如父母、教育人士和政治人物等。此外，我們進行各種日常活動，處理我們和重要他人（家人朋友）的衝突和關係時，同樣很適用「做事方法很重要」這個道理。

所有情況都是甲方對乙方做了某些動作，以乙方的觀點來看，包括「什麼」（結果）和「如何」（過程）二個方面。比方說，公司可能決定提出一個新策略計畫，造成某部門的業務精簡。或是上司回饋屬下的近期表現。或者更私人的領域，夫妻其中一方計畫下次的家庭旅行。所有例子都是甲方做了什麼，乙方大致可以推測出什麼結果。當然，乙方越認為結果有利，反應會越熱烈。例如，乙方會接受公司的轉變、支持上司，或是同意另一半建議的旅遊地點。

所有情況下，甲方也在進行一種過程，這裡指的是事情**如何**完成。例如，在進行績效評估時，上司可能採用上對下形式，只考慮到自己的觀點。要不他可以採取更開放的做法。比方說，如果一家機構採用「三百六十度回饋」過程，上司得以思考該員工同儕或直屬屬下的觀點，或者甚至是員工本人的看法。上司進行績效評估時，可以顯示她非常關心屬下的發展，類似的做法如按照表定時間進行，不拖延或改來改去。同樣地，妻子對丈夫的旅遊提議作何反應，也要根據她認為另一半是否適時提出建議，或是否聽到她對建議的反應而定。

事情**如何**完成，對於組織變革時期的員工尤其重要。無論改革的類型為何（無論是組織瘦身或增員），其過程都必須包含一組非常類似的特質，員工才能真心接受改變。我在後面的章節會針對改革管理的過程，提出許多看法。但目前我們只需知道，結果本身固然重要，通往結果的路途也非常重要。

過程＋結果，過程×結果

你應該聽過這個說法，「**在傷口上灑鹽**」。這提醒我們一件事，除了結果，我們也很在乎過程。有時候我們不喜歡某個決定（壞結果：傷口），同樣地，我們也不喜歡決定或溝通壞結果的方式（拙劣過程：灑鹽）。如果兩件事同時發生，我們通常會非常憤怒。

舉例來說，我很期待和朋友的某次約會，但他爽約了（壞結果：傷口），而且他沒有事前打電話說無法赴約，我一直到聯絡他做最後確認時才發現（拙劣過程），因此我覺得受到雙重打擊。這樣的情況其實比俗話說的「在傷口上灑鹽」還嚴重。很多研究顯示，經歷壞結果加上拙劣過程的感受，更貼切的形容應是「在傷口上**狠踹**一腳。」一般來說，二個數字的乘積（如：3乘3），比二個數字的總和（3加3）還大。因此，如果壞結果產生三個痛苦單位，拙劣過程也產生三個單位，這種體會的淨值不是六個痛苦單位，而是九個。拿藥理學領域做比喻可能比較容易理解。病患拿到新處方（藥物A）時，他可能必須評估這種藥和他已經在服用的藥（藥物B），可能產生什麼交互作用。分別服用藥物A和B，可能各自有些問題。但如果同時服用，後果可能更嚴重。同樣地，我們同時感受壞結果和拙劣過程時，後果堪稱是致命的組合。[2]

不管是「在傷口上灑鹽」或「在傷口上狠踹一腳」的說法能否貼切形容壞結果和拙劣過程的組合，其過程體驗都會影響員工和雇主在意的許多事情。比方說，職場上，過程影響員工的動機，其中包含幾個要項。我們以「向量」做比喻的話，動機同時具有方向和大小。引發動機意味著員工有志一同，心無旁騖（方向），而且會全力以赴，表現出相關行為（大小）。

說明過程如何影響動機的方向和大小這二方面，這裡有個已經證實的發現，如果員工認為執行的任務擁有具體和困難的目標，這會比(1)沒有目標，(2)有困難但不確定的目標，或是(3)有具體但困難度不高的目標，更容易產生動機，進而更有收穫。[3]

比方說，假設你的讀書計畫落後了，你決定用一個晚上趕上進度。在開始閱讀前，你設定「讀完六十頁」的挑戰目標。結果可能如何呢？你也許無法讀到六十頁那麼多，但比起沒有訂立目標，或是擬訂一個困難但不具體的目標（讀越多越好），或是目標具體但不困難如三十頁，你可能讀更多。具體且困難的目標為何有此效力呢？其中一個原因是目標提供方向。如果你的目標是讀完六十頁，那麼你大概很清楚要做什麼：閱讀。除了閱讀，其他活動都無法完成任務。根據暢銷書《與成功有約》（The Seven Habits of Highly Effective People）的作者柯維（Steven Covey）的說法，如果你「出發前知道要去哪裡」，你比較知道自己何時在（沒在）進行幫助自己抵達目的地的事情。

有種情況下，你可能很容易分心，那就是在電腦前工作。很多時候，我在電腦前一心想要加快進度完成某個挑戰性任務，譬如寫這本書。（注意這個困難目標的不具體性質：「加快進度。」）不幸地，在電腦前工作很容易同時進行其他很多事，只要點擊幾下即可。舉例來說，有時候我告訴自己，「一看完郵件」就要馬上開始寫作。但等我從郵件裡抬頭，有時已是幾個小時以後的事，這時我往往沒精力做原本要做的事了。如果反之，我訂下更具體的困難目標（寫五頁），我很可能會繼續工作。為什麼？因為如果我分心去「看一下郵件，」我知道這個活動會和我設定的具體目標有所衝突。簡言之，具體、困難的目標提供方向；讓你不容易偏離軌道。

具體且困難的目標也會影響努力的大小或強度。這通常發生在我們認為自己快接近目標時。接近目標的認知會加強我們達到目標的努力，一種稱為「**目標漸進效應**」

的傾向。你一定有在銀行等候區等待行員服務的經驗吧？我猜等到下一個就輪到你的時候，你必須等待的每一分鐘，對你來說都很漫長。為什麼？因為你在經歷目標漸進效應：你越接近目標，越有動機達到目標，所以不在那裡的痛苦感受更深。

當然，有時候我們可能遠遠不及目標。我們可能設定讀六十頁，但因為分心做其他事情（「檢查一下郵件」），二小時後發現只讀了五頁。以此為例，負面回饋會刺激我們加把勁繼續努力。重點是目標讓我們得到回饋，了解自己的目前進度，而接受回饋正是促使我們加強努力的因素。

具體且困難的目標影響我們進行的事情（方向）和進行的強度（大小），以此類推，高品質過程也是如此。本書會一再思考過程品質如何同時影響動機方向和大小這二方面。例如，處理事情的方式，決定人是否選擇表現道德或不道德（方向）。過程品質也影響員工付出多少心力，提高組織的利益（大小）。

高品質過程的構成因素為何？

假設你接受這個觀點——**高品質過程影響甚鉅**，我們試著描繪高品質過程的本質。

當有人說「**這過程處理得真好**」，他們其實意味著什麼？描繪高品質過程有幾種方式，其中包括學人蘭格（Ellen Langer）和羅登（Judith Rodin）在安養院進行的著名現場實驗。實驗一開始，安養院管理人以親切慈愛的態度告訴所有居民，工作人員希望他們在此居住愉快。

從那時起，實驗參與者隨機被分成二組，「高責任心」小組和「低責任」心小組。高責任心小組的人得知，他們必須對自己想要的生活方式負起最大的責任；而低責任心小組得知，工作人員會照顧他們並替他們做決定。舉例來說，兩組成員人人都拿到一個盆栽。而且兩組人員都知道他們有機會在接下來的一週其中兩天的一個晚上看電影。高責任心的人必須決定是否想要盆栽（所有人都說想），他們得知無論有無必要，他們都有責任照顧盆栽。他們也必須選擇其中二天的一晚看電影。低責任心小組拿到盆栽（沒人問他們要不要），得知工作人員會幫他們照顧。而且他們被通知那一週的某天晚上要看電影。

也許有人認為，這兩組居民的對待方式，客觀差異性不大。畢竟管理人同時告訴二組居民，工作人員希望他們居住愉快。高責任心小組必須為自己做某些決定，但同樣的決定，低責任心小組則由出自善意的工作人員為他們進行。儘管如此，對待兩組人的方式確實造成截然不同的影響。短期來看（三週後），高責任心小組比起低責任心居民，明顯比較快樂、更加主動和更有警覺心。長期來說（十八個月以後），責任感很強的人還是更主動和警覺，相對於低責任心小組居民，他們的健康狀態更好，死亡率更低。[4]

比起不必負責的人，被賦予責任的人擁有更高的過程品質，這點可由二方面說明，在本書中都會詳加討論。一方面是強調其過程特質。比方說高責任心小組居民收到這樣的訊息要點：他們能夠並應該為自己的人生負起更多責任；而低責任心小組沒有這項訊息。另一方面則關注過程接受方的體驗。以此為例，比起低責任心小組，高責任心小組居民也許更覺得能控制自己的環境。無論如何，如雷諾離開《週末夜現場》的例子，過程中「簡單的」差異，確實會產生巨大的影響。

過程的特質

「組織公平性」是管理類書籍經常討論的範疇，這裡指的是員工認為雇主是否公平對待他們的看法，以及這些看法形成的原因與結果。最初的研究顯示，人類會根據其結果分配評估公平與否。[5]舉例來說，多數情況下，只有按照個人貢獻的多寡分配其同等比例的獎勵或利益，才稱得上公平。但更多近期的證據顯示，人同樣很在乎伴隨結果的過程是否公平。[6]這其中引發一個疑問：人必須在過程中察覺什麼，才會覺得公平？有關認知過程公平性的特質，我會在下一章深入探討，目前我們先思考下列過程公平性很低的案例。一家全球資產管理公司掀起一波裁員潮期間，員工紛紛在幾乎沒得到任何警告，甚至連個解釋也沒有的情況下，被迫離職。更慘的是，他們甚至不能回職場道別，只能收到公司郵寄的個人物品。有一名員工在就診時接到電話通知，而且聯絡她的還不是她的上司，而是上司的行政助理。

同樣地，請思考下列情況：

對芝加哥的某些員工而言，這很像一場萬聖節的惡作劇。但他們在星期六上班時發現，這是真的，不是騙局：根據《西北印第安納時報》報導，他們的雇主利用語音電話解雇他們。〔語音電話利用電腦自動撥號，傳遞預先錄製的訊息，訊息聽起來像機器人發出的聲音。〕員工在星期五收到訊息說公司不再需要他們，他們失業了。《時代》雜誌報導這家公司數十名員工有些沒接到電話，有些以為是惡作劇，所以他們照常去上班時才發現員工識別證已經失效，還從保全那裡聽說他們失業了。

幾天後，組織針對這次行動做出這樣的「解釋」：「依據部分業務流程，我們暫時將福特汽車芝加哥廠的人力，調整至約九十名組員。一如既往，我們的目標是根據業務需求，盡快讓員工返回工作崗位。我們通常不使用語音電話通知員工裁員事宜。這次工廠選擇使用語音電話是暫時性考量，我們會盡快再次聯絡所有員工。」[7]

再看另一個例子，歐洲一家保險公司，不小心將裁員通知書發給一千三百名員工，但其實那封信只是針對其中一名。基本上，那一千三百名員工收到簡要的郵件通知，表示公司不需要他們服務了。傳達諸如此類重大消息時，其實可以採取比較人性化的做法，例如透過某人傳達，最好是接受方尊敬的人。這封解雇信也很嚴厲提醒員工對公司的「義務」，包括保留有關業務、系統和顧客的機密資料。最後致命的一擊是高層主管發出的裁員通知：「藉此機會我深表感謝，祝福您前途似錦。」

值得讚許的是，公司對其他一千二百九十九名員工發出第二封信，說明他們稍早發出的裁員通知有誤，並且表達歉意。但如果你是其中一千二百九十九名員工，發現公司選擇用這種方式傳達解雇通知給同事，你作何感受？失業已經夠痛苦了，但失業的過程非得如此不公平嗎？這簡直是在傷口上狠踹一腳。[8]

帶給接受方的影響

談論過程品質的另一種方式，如本書副標題所示，提及對人的影響。我們有多投入活動和做得有多好，取決於二件事：我們有多認真嘗試（努力，動機其中的一面），以及我們多有技巧或能力（能力）。我們通常兩者都需要，也就是要有熱忱和實力邁向成功人生。當我們說某人有很大的「潛力」，很可能代表那個人辜負了這項潛能，原因可能是缺乏努力。或者說如果有人「努力得到Ａ，」代表他沒表現得很好，原因可能是缺乏實力。以此類推，我們還有另一種方式定義高品質過程：讓人**投入**（例如引導他做出最大的努力），並且／或者給予人**能力**（提供他們成功所需的資源）。在後面章節，我會深入解釋這些重點；除此以外，若要讓人付出最大的努力，我們必須知道他們**想要**什麼。

我們人生有很多邂逅，不分職場內外，都發生於長期關係的情境。因此，真正高品質的過程，無論就短期和長期來看，都要讓人能夠投入與實踐。例如，組織裁員時，在短期內，他們必須徹底想清楚如何告訴員工即將失業的消息。這方面要冒很大的風險。根據一項研究指出，被裁員工控告雇主與否的關鍵因素是不當解雇，也就是他們被告知失業時被對待的感受。如果公司處理的方式給予員工尊嚴和敬意，他們提告的可能性不高；一百個當中只有一個。另一方面，如果他們在聽說自己即將失業的過程中，覺得被無禮對待，他們很可能會提告；每六人就有一人提告。站在企業角度來看，在告訴員工即將失業的重要時刻，單憑對待他們的方式這點必須上法庭抗辯的可能性，就幾乎差了十七倍之多。[9]

在「控告醫生醫療過失」的病患研究領域，也有類似的發現。如果單純考量病患對某些醫療程序進行的好壞認知，醫生不可能被告。然而，如果病患認為程序進行有誤，**加上**醫生表現惡劣的「醫療服務態度，」醫生較有可能被告。[10] 記得壞結果加上壞過程的致命組合嗎？這裡我們又再次證明，無論是企業或醫療環境；雷諾的情況不是單一的例子。

目前醫學界也開始認可醫生與病患互動的重要性。「美國醫學院協會」（the Association of American Medical Colleges, 簡稱 AAMC）最近宣布計畫修改未來醫學院學生的標準化測驗，醫學院入學考試（the Medical College Admissions Test，簡稱

MCAT）會增加評量社交能力的相關試題。根據AAMC會長克爾希（Darrell Kirch）所言，「大眾很信任醫生的〔醫學〕知識，但比較不信任他們的醫療服務態度。所以目標在於改善醫學院入學流程，找到你我心中合適的醫生人才。好醫生不僅要懂得科學；也要懂得人。」[11]

有關中長期效應可確認過程品質的觀點，也在團體行為相關文獻中出現。重要的團體心理學家黑克曼（Richard Hackman）找到判斷團體效率的三大標準：⑴**生產力**，團體產出應該符合或超過負責評估產出者的標準；⑵**滿意度**，團體成員應該覺得他們的個人需求獲得滿足；以及⑶**持續力**，針對這點黑克曼說明，「執行工作使用的社交過程，應該保持或促進成員日後完成團隊任務的能力。」[12]以此類推，高品質過程可在短期內讓人投入和勝任工作，而且不會犧牲（並且在最好的情況下其實會加強）長期的熱忱和表現能力。

本書進行順序

「安養院研究」說明了討論高品質過程的兩種方式，並且可互為補充：重視過程特質，還有這些特質屬於「決策接受方」以外的因素，再加上重視接受方在過程中發生的內在體驗。第二和第三章談及外在做法，第四章討論內在做法。第二章關注過去四十年來眾所矚目的特質：過程的認知**公平性**。我們會思考許多讓人感覺過程公平的特性，以及感知過程的公平性如何和所接受的結果結合，共同影響人的生產力、士氣和自我意識。

不過因為過程公平性很重要，管理者如果想讓員工投入和勝任改革工作，無論是大規模改革如組織合併，或小規模變動，例如主管試圖說服目前的工作單位採用新技術，這也是他們現實中必須納入的工作要項。哈佛商學院的比爾（Mike Beer）說過，改革要成功，主管必須做到下列事項：(1)讓員工不滿於現狀；(2)給員工看不同於現狀的可行性更好方案，一般以未來美好願景呈現；(3)有適當計畫讓員工從不好的現狀，轉移至更美好的未來狀態；以及(4)處理員工對於改變的抗拒。本書第三章將提出一種方法，讓主管廣泛思考如何成為更有效率的改革引導者，同時給予各個超前思考機構的最佳實踐範例。

在第四章，我們則根據人類經驗思考過程品質。雖然這不足以完整說明人類的動機，我們努力的重點在於**感覺自己很好**（自尊），**認為自己完整和真實**（認同），以

及覺得我們所做的事很重要（控制）。[14]有些組織和管理流程讓員工能夠體會到自尊、認同和控制。而且這體驗從員工加入機構時開始發生，並且在組織任內持續反覆進行。根據近期研究顯示，如果對待員工的方式，讓他們體驗到自尊、認同和控制，他們不但能夠有更強的生產力、更高昂的士氣，而且特別的是，他們會擁有更強烈的內在幸福感。[15]

姑且不論過程品質是否論及各種特質（第二、三章），或是引發接受方的各種心理狀態（第四章），如果不考慮道德層面，我們就算失職了。如果主管對待員工的方式提高了生產力、士氣和幸福感，但也導致道德淪喪，我們真能夠稱它為「高品質過程」嗎？當然不能。我們在第五章會重申這一點，並且討論第二到第四章提及的高品質過程因素和其他因素，如何鼓勵接受方表現端正的行為。在第五章最後，我們也找到一套可行方法，讓主管持續開發員工最大的潛力。

第六章是最後一章，會將前幾章討論的所有內容，視為「知易行難」的觀察起點。多數管理者欣然接受建議，盡力確保過程的公平性，成為比爾提倡的改革領導者類型，確保他們對待員工的方式，能夠讓員工體會到自尊、認同和控制，並且不忽略對待員工方式的道德層面。既然如此，他們為何不經常執行這些政策呢？為了鋪陳第六章的討論，我會提出幾個影響主管推動高品質過程動機的阻礙，不過有些和他們執行能力有關。

好醫生都會告訴你，診斷應先於治療，同時告知治療方法。找到阻礙管理高品質過程的因素，我們才能提出更適當的解決辦法。況且，如果這本書真要如願成為實用指南，不能只是提供管理者工作要項。它必須提出管理者無法在第一時間做這些事的原因，換言之，找到障礙並提出克服障礙的方法。總括而言，我希望幫助管理者於決策時，或者和員工互動當下，能夠將高品質過程的**心智模式**轉化為**實際表現**行動。另外，讀者也可以自行完成本書末「附錄」部分的問卷調查，藉機了解自己在職場內外與他人對應的過程品質，測試自己在各種層面的表現。

讓我們開始吧。

第2章

這樣才公平

下列三種情境代表幾個職場發生的不同狀況。

場景一：「保羅」預計三年完成的外派任務，目前進行了一年左右。整體而言，這個經驗可說利弊參半。工作上進行得很順利，但家人卻有適應的困難。他的妻子本身是專業權威人士，為了陪伴保羅而暫停自己的事業。更慘的是，根據外派當地的國家法律，她無法在當地工作，所以她常常感到很無聊，容易發脾氣。他們的兩個孩子都上了高中。最初要離開家時，他們覺得很生氣，到現在都很難適應新語言、學習新文化等事物。保羅為此內心掙扎不已。一方面，他的上司告訴他，如果他能撐過這整整三年的外派生活，不貿然返鄉，公司不僅會有很好的發展，他的事業版圖也會更擴大。但另一方面，他家人的情況如此嚴重，他覺得最好在幾個月內調回去。

場景二：「安娜貝爾」有抽菸的習慣。多年來她嘗試戒煙都沒有成功。目前為止，她工作的地方允許員工在上班期間有幾次抽菸時間。然而，公司剛剛宣布建築物內部禁止吸菸政策。不用說，這項新政策是安娜貝爾的一大威脅，所以她認真考慮離開公司，找下一份工作，一個她不必痛苦放棄抽菸時間的工作。

場景三：「湯姆」在製造業上班，公司目前處於艱難情況。董事長最近宣布，所有員工必須大幅縮減至少三個月的薪資。在這項宣布以前，湯姆從未有離開公司的念頭。他很喜歡在公司鄰近社區裡工作和生活。然而，減薪讓他不得不重新考量事情的優先順序。現在他考慮到別處找工作。

你認為一般人會如何處理這些情況？保羅會提前結束外派工作嗎？安娜貝爾會離開公司嗎？湯姆會開始到別處找新工作嗎？此外，如果你的答案是「看情況，」那麼是看什麼情況？這個問題我們知道答案至少有一個：過程的公平性。由我們後面章節的研究顯示，如果雇主進行過程公平，員工會更忠實於雇主。

什麼是「組織公平性」？

公平性議題至少可追溯至古希臘時期（包括柏拉圖和亞里西多德），近來社會和組織心理學家更是密切關注此事。最初的理論和研究假定，員工看待公平與否，根據他們與雇主的交換物質而定。亞當斯（J. Stacy Adams）的平等理論提出，當員工提供給雇主東西（投入）與他們由雇主獲得的東西（結果）的關係，相等於某種適當的比較標準，他們會感覺公平，例如同事之間的投入／結果關係。[1]假如表現好的員工得到更多報酬，我們一般會認為很公平。有個觀念與結果公平性密切相關，那就是結果有利性，這意味著員工得到了他們**想要**從雇主得到的結果。結果公平性和有利性對職場生產力和士氣有重大影響。

不過，到了一九七〇年代中期，結果肯定不再是唯一因素。歸功於學人蒂博（John Thibaut）和沃克（Laurens Walker）的開創性研究，我們得知了對公平性的認知和反應，也必須考慮伴隨結果的過程。多數人本能上了解結果和過程的不同。比方說，我們絕對可能對結果不滿，認為很不公平或很不利，但我們也可能相信其相關過程很公平。蒂博和沃克，接著是十年後的學者如福爾杰（Robert Folger）、葛林伯格（Jerald Greenberg）、林德（Allan Lind）和泰勒（Tom Tyler）認為，即使結果不變，人如果覺得過程很公平，反應會比較正面（例如對決定更滿意）。[2]

後來這個議題朝兩個方向發展。公平性研究學者確定了許多影響公平過程的具體因素，同時他們著手研究結果公平（或結果有利性）和過程公平交互發生的作用，如何影響員工思考、感受和行為。接下來的部分，我會詳加討論每一種發展。

公平過程因素

蒂博和沃克最初認為，過程是否公平取決於討論或決定過程時，人是否有機會提出意見，無論是決定前被允許提出意見（過程控制），或者是在真正決定時得到一個解釋（決定控制）。

接著利文撒爾（Gerald Leventhal）和其同事確認了影響決策過程公平性認知的其他六大特質。其中包含一致性（決策方法不因人和時間有所差異；也稱為「公平環境」）、正確性（決策者參考的資訊恰當且可靠），以及摒除偏見（決策者拋棄個人私利考量）。此外，決策過程的透明度也影響公平性認知。使用正確資訊做決定是一回事，人人能夠**理解**決策使用的資訊大致正確，則是另外一回事。[3]幾年後，拜斯（Bob Bies）發現，我們對過程公平性的認知，也必須考慮決策和執行方的人際行為。例如，執行方能否為其行為提供解釋會影響公平性認知，他們是否以保留尊嚴和尊重的方式執行決策也是影響因素。[4]

還有另一個重要因素是做決定的即時性。比方說在美國，如果雇主打算結束營業或裁掉大批員工，法律上規定必須提前六十天通知。俄亥俄州參議員，同時也是《勞工調適及再訓練預告法》（the Worker Adjustment and Retraining Notification Act，簡稱WARN法案）的擁護者梅森邦（Howard Metzenbaum）提出，人在快要失業的情況下，給他們時間準備才算公平。總之，決策機制的不同特徵和操作機制者的行為，皆能影響我們對過程公平性的感受。

結果與過程的聯合效應

說明完「不只結果，過程公平性同樣影響員工甚鉅」以後，學者開始研究結果與過程如何發揮聯合和交互作用，影響我們對組織活動或決策的反應。這方面的研究有些在法律領域進行，調查一般人對警察和法院制度的反應，但多數還是針對工作環境進行。有些研究調查人如何反應與多數人相關的組織內部活動，例如裁員、減薪和各種工作與生活衝突的根源；有些調查更針對個人的活動和決定，例如人如何因應外派任務或如何與上司協商事情。這些研究測試各式各樣的反應，結果全都反映出與員工生產力和士氣有關的主題：員工的工作表現如何？他們比規定完成的部分還多做多少？他們有多配合組織努力推行的事務？他們有多想留在目前的工作，而不是到別處求職？[5]

許多研究的結果模式具有相當的一致性，我們用各種方式進行說明。如表2.1顯示，

表 2.1／員工針對組織活動和決策的反應

過程公平性 ＼ 結果有利性	低	中	高
低	1	4	7
高	5	7	8

說明：評量範圍：1-10。數字越高表示員工反應越好（如生產力，士氣）

人得到討厭的結果（不公平或不利）和不公平的相關過程時，會覺得特別委屈；猶如在傷口上狠踹一腳。還有另一種方式說明表2.1的發現，即「未達目的，不擇手段。」換句話說，只要人最終結果屬於好的（公平或有利）狀態，無論他們認為過程是否公平，相對而言沒有太大的分別。然而，表2.1也顯示，人如果不滿於結果，過程公平性會造成更大影響。表2.1的第三種解釋方式是「手段證明（合理化）目的。」請看一下水平方向數字，你會明白過程如果公平，相較於他們認為過程不公平的情況，其結果對員工的生產力和士氣影響較小。

過去十年，看過我發表這個結果模式的人不計其數，通常在哥倫比亞商學院高階主管發展培訓計畫期間。每次對這類觀眾發表成果時，我都承認可能要冒點風險。畢竟他們參加訓練課程的目的是學習實用的策略和技巧，之後可以帶回去在職場上應用。給他們看這些研究成果，可能會顯得我太過理論化或「學院派。」

話雖如此，我還是樂於冒險，因為我認為這些結果提供商業人士很實用的訊息，可以幫助他們成為更有效率的領導者、管理人和改革推動者。我甚至要**他們**告訴我，他們可能在職場上如何應用這些發現。通常他們會馬上明白我的意圖，然後這樣回答我，「我會給下屬他們想要的結果，我應該不太需要擔心怎麼做。」我跟他們說，我同意這個結論，只要他們實際的意思是「我不必**過於**擔心結果」，而不是「我**完全**不必擔心結果。」這些研究結果顯示，員工一般在過程公平時反應較好；另外，相較於滿意結果的情況，員工如果不滿意結果，公平過程的強化效應會更大。

我的專業人士聽眾通常也承認，只要他們處理過程公平（例如，盡可能邀請員工參與決策，向他們解釋制訂某些決策的原因，以尊重的態度溝通決策），接受方可能較不容易被結果的公平性或有利性影響。但這不表示如果過程公平，接受方不會受結果影響。只是當他們認為過程公平，他們看來比較不會那麼在意結果。

這些聽眾有時候解釋表2.1的發現時，好像暗示只要主管提供部屬想要的結果，或以過程高公平性對待他們，他們就不必那麼擔心另一個因素：公平或有利結果減少高過程公平性的需求，以及高過程公平性減少公平或有利結果的需求。雖然表2.1顯示的結果似乎說明，提供好結果或高過程公平性待遇絕不可能是「半斤八兩」的例子。提供人想要的結果和過程非常公平的對待他們，也許在成效方面很類似，但他們在成本方面截然不同。

讓我舉個例子說明。多年來，我和同事研究裁員如何影響留下來的員工的士氣和生產力，這些人又稱為「**倖存者**。」我們想了解倖存者是否一定對裁員有負面反應，或是否在某些情況下，他們會產生更多或更少的負面反應。例如，我們想知道倖存者對於裁員結果有利性和裁員過程公平性的看法，是否會大幅影響他們對裁員的反應。

我們調查的結果因素，比起倖存者，實際上更影響被裁員工。但我們更想了解的是，倖存者有多相信組織提供失業員工保障機制，包含遣散費、協助另謀發展（例如透過離職諮詢），或延續健保或其他福利等形式。以人力資源部（HR）的說法，這種保障機制稱為「資遣條件（the package）。」雖然資遣條件只影響到被裁員工，但對倖存者而言也深具意義。消息一旦傳開，倖存者很注意自己聽到的內容。事實上，裁員組織經常犯的錯誤是指稱失業員工為「受影響」之成員，暗示著其餘員工（倖存者）

不受影響。然而，多數經歷裁員的組織員工會馬上告訴你，**每個人**都會受影響，不管是離開或留下來的人。比方說，倖存者經常如此推論，提供失業者豐厚的資遣條件，意味著他們可以對未來的組織有所期望。除此之外，這也可能表示當下一波裁員潮發生，他們面臨失業時可能得到的待遇。

這些研究的過程公平因素包括管理方面的柔性技巧，例如是否適當解釋裁員原因，或者給予合理的事前通知時間，或者是否以同理心和體貼的方式傳達訊息給失業員工等。倖存者的反應和表2.1顯示的反應很相近。認為結果有利會減少結果公平性對於生產力和士氣的影響。認為過程公平也會減少資遣條件認知對於倖存者生產力和士氣的影響。[6] 乍看之下，優渥的資遣條件和公平的結果對倖存者的影響，似乎沒什麼差別。舉例來說，正如表2.1所示，無論倖存者認為資遣條件還算優渥和過程處理公平，或是認為資遣條件非常豐厚但過程不太公平，他們的反應大致相同。但是值得注意的是，組織提供非常優渥的資遣條件和低過程公平性的財務花費，比起提供適度優渥條件但高過程公平性高出許多。如果你很介意組織的盈虧狀況，你現在還會說對於處於有利結果和公平過程的倖存者而言，其相對影響是「半斤八兩」的例子嗎？恐怕不會。

整體而言更普遍的原則是，比起公佈有利結果，主管一般更容易執行高公平性過程。你聽過「你永遠無法滿足所有人」嗎？（此話由林肯總統率先提出）。我認為這句話更適合說明給予人有利結果的情況，較不適合說明傳達高過程公平性的結果。多數情況下，主管**無法**給予每個人想要的結果；經濟上很難辦到。然而，**計畫和執行高過程公平性的決策**，經濟上卻很可行。主管可以更接近「永遠滿足所有人」的目標。即使主管必須做出「艱難」決定（意味著接受方至少有某些人不滿意其結果），這樣的決定還是能夠透過高公平性過程執行。艱難決定不僅**能夠**執行高公平性過程，事實上，研究顯示更**應該**如此執行：結果趨向不好時，過程公平性對員工的生產力和士氣的影響較大。

但諷刺的是，如果主管能夠並且應該以高過程公平性做出艱難決定，為什麼他們往往做不到呢？簡單來說，雖然高過程公平性一般來說花費不高，但也不是完全免費。在第六章，我們會考量使用高過程公平性計畫和執行艱難決定的主管可能使用的非財務花費。我們也會探討個人和組織處理這些非財務花費的方式，進而幫助主管執行高公平過程工作。

糾正錯誤觀念

我希望截至目前，你已經理解表2.1總結的研究發現，對許多組織活動和決策有實際的影響。不過有時候，研究結果仍會遭人誤解。

錯誤觀念1：演久了就像了

有人說，主管是否真的執行高公平性過程不重要；重要的是，他們被看成在執行（「感知即現實」）。[8]以表2.1顯示的結果來說，我很同意接受方必須相信主管確實在執行高公平性過程。以這層意義來說，感知即現實。然而，我們有時候看不清楚一個事實，那就是主管如果真的有心實踐，而不只是好像在實踐，他們更可能被視為在實踐高公平性過程。

多數人能夠立即識破虛假。一家藝術機構的中級主管跟我說，他們公司的高階主管參加過研習會，學習採用更具參與式的管理風格優點，這也是高過程公平性的特徵。他們為了學習提振組織士氣的方法而參與研習會。研習過後，這些主管回到工作崗位決心看起來更有參與感。他們請員工針對不同主題表達看法，而且使用各種請教方式（例如，建立任務小組，要求低層員工向高階主管提出建議，設立員工意見箱，以及經常舉辦員工大會，鼓勵員工踴躍發言）。但是這裡出現了一個問題，即上司不是真心想要更有參與感——他們只想要看起來如此而已。過不了多久員工就會發現，他們的意見根本不受重視，他們會變得比剛開始的時候更洩氣。

「不實的高過程公平性」是種矛盾的做法。高過程公平性的其中條件是給予尊嚴和尊重的待遇。試想我們剛討論過的情況員工可能的反應。員工發現上司徵詢了許多意見，但其實根本不予考慮時，會有被騙的感覺。你可以想像他們之間的對話可能是「老闆真把我們當白癡耍，以為我們不會注意到他們根本不在乎我們的意見嗎？」結果根本沒有任何尊嚴和尊重的待遇可言。

錯誤觀念2：只要過程公平，結果不重要

既然實踐高過程公平性是符合成本效益的領導和管理方式（一般來說，給予人想要結果，比實踐高過程公平性的費用更高），主管也許會推論，只要他們執行高公平性的過程，就可以不用考慮給予員工的結果。這樣的推論有二個錯誤。首先，根據研究結果，在過程公平性比較高的情況下，人似乎**比較不會**計較結果。但這不是意味著他們**完全**不在意結果。當過程公平性高，得到較好結果的員工，還是會表現較高的生產力和士氣；只不過，如果過程公平性低，比起公平性高，員工更容易受結果影響。

第二，如果可能給予集體非常有利的結果，而且結果伴隨著高過程公平性，主管也應該這麼做。但是一般來說，根本不可能給予集體非常有利的結果。如果是這樣，他們最多只能給予**適度**有利的結果（可能整體上更負擔得起）和執行高過程公平性。如表2.1所示，員工接受非常有利結果和高過程公平性，比起接受適度有利結果和高過程公平性，其生產力和士氣不見得高出許多。如果擁有高過程公平性待遇的員工，面對結果非常有利時的反應，只比面對適度有利的結果略微正面一點，主管就必須自問，非常有利的結果和適度有利的結果之間有時候產生的巨大費用差異是否值得。

錯誤觀念3　高過程公平性還能讓人正面應對壞結果

即使高過程公平性有很大的優勢，誠實面對其限制性也很重要。過程公平性越高，員工可以應對得越好（如他們會展現更大的生產力和士氣），尤其在結果不利或不公平的情況下。但這並不表示，公平的過程會減弱或排除壞結果的影響。當主管必須做出艱難決定和執行高公平性過程的時候，他們不應該期望受影響的一方給予**非常**正面的回應。舉例來說，在裁員情境中，人會失去工作（或看到其他人失去工作），就算處理過程非常公平，我們也不該期望離開的人和留下的人會高聲歡呼。他們最多反應冷淡。但如果同樣的壞結果伴隨著不公平的過程，結果會嚴重許多。比方說，如果裁員的處理過程不公平，離開的人更可能控告他們的前任雇主，而留下來的人可能會變得士氣低落。更廣泛來說，主管做出艱難決定時，採取高過程公平性卻仍然遭致許多怨言時，他們就應該知道其實高過程公平性作用不大。但可以很確定的是，如果他們做了同樣的艱難決定，卻沒有計畫或執行高公平性過程，得到的怨言會**多出更多**。

結果和過程為何這樣相互作用？

雖然表2.1顯示的結果，在各種職場情況下都證明屬實，我們還是得進一步討論其造成原因。實際上，有二個相關的「為什麼」值得思考。

第一，過程公平性為什麼在接受壞結果時，比起接受好結果，更容易影響員工的生產力和士氣？

二，高過程公平性相對於低過程公平性，為何能減少結果有利性對於員工生產力和士氣的影響？

就理論和實際面而言，回答這些問題至關緊要。發展的理論和實踐沒必要互有衝突。進一步來說，社會心理學領域創立人盧恩（Kurt Lewin）認為，好的理論比什麼都實際。如果我們真的了解人為何以他們的方式思考和行動，我們就能夠做出更好的決定，同時影響自己和他人。

第一個問題的答案根據一個假設，即壞結果比好結果更能吸引我們的注意。或許這是求生本能，我們數千年來的本能。艾森伯格（Naomi Eisenberger）創造「人體警報系統」這個詞來形容我們某部分的大腦，特別用來察覺威脅我們幸福的活動、經驗或刺激物，例如承受壞結果。[10] 人體警報系統除了偵測威脅性刺激物，還有其他功能。輸它讓我們對環境更有警覺性，尤其是幫我們找到方法減少或至少管理威脅的資訊。輸入過程公平性資訊。如果壞結果導致的潛在威脅伴隨著高過程公平性時，就會讓人覺得情況沒那麼恐怖；因此我們可能至少會理性地展現向心力。舉例來說，員工接受與高過程公平性相關的壞結果時，他們也許會姑且相信主管，進而朝著主管的目標前進。另一方面，如果壞結果的潛在威脅伴隨低過程公平性，我們對這種情況特別反感；同樣是在傷口上狠踹一腳。以這個例子來說，員工更是難以體諒主管，更無法認同他們。

這所有的意義建構過程，在接受有利結果時不會發生得那麼頻繁。有利結果不會像不利結果一樣，刺激我們的求生本能。因此我們也不必那麼在意過程公平與否，這或許解釋了面對好結果，比起面對壞結果，對於員工生產力和士氣的影響少很多的原因。

根據范登博斯（Kees van den Bos）和其同事的研究顯示，我們甚至不必為了刺激人體警報系統而接受壞結果。僅僅代表威脅或危險的刺激物也可能觸動我們的警告系統，進而促使我們更注意公平性資訊。在一次研究中，參與者必須凝視「驚嘆號」一段時間。驚嘆號代表警告標誌，尤其在歐洲（這次研究進行的地方）。在看完驚嘆號之後，參與者會閱讀一段短文，他們被要求想像應徵一份工作。半數的人得到的資訊是選拔過程很公平（決定取決於正確資訊），但另一半的人被引導相信過程不公平（決定不是根據正確資訊）。另一組參與者（控制組）在閱讀短文前不看驚嘆號。所有參與者被要求評估遴選過程的公平性。這次的研究結果著實讓人有點擔心。相對於沒看過驚嘆號的參與者，看過驚嘆號的人認為正確程序比較公平，不正確程序比較不公平。換句話說，遴選過程的正確性資訊，對於那些看過警告標誌、驚嘆號的人的公平性認知，更有影響力。

范登博斯和其同事進行了第二項研究，測試另一種完全不同的警報標誌：閃橘燈。

研究在荷蘭一個中型城市的購物圈進行，由研究人員接近參與者，要求他們讀一段短文。短文要求他們想像自己在一家公司上班，而且剛完成一項重要任務。閃橘燈直接放在研究人員後面的座台上；某些參與者面對橘燈閃爍狀態（警告條件）；但其他人面對橘燈關閉狀態（控制條件）。半數參與者讀的短文引導他們相信有合理薪資，但另外半數人被引導相信薪水待遇不公平。如同前一次的研究，參與者必須評估待遇的公平性。不出所料，在薪水合理的條件下，比起不合理的情況，他們說他們覺得所受的待遇更公平。然而，在警告條件下而非控制條件時，這個趨勢更加明顯。被告知擁有合理薪資的參與者，在警告條件下，比起控制條件的人，**認知**公平性更高。至於被告知薪資不合理的參與者，警告條件下的人，比起控制組的人認知公平性更低。簡言之，我們承受壞結果時可能會觸發本身的警報系統，進而加強我們的敏感度，不只針對一般環境，尤其是有助於管理當下威脅的線索。過程公平性資訊就是這種線索。

范登博斯等人的研究提出非常有趣的看法，他們認為我們其實不必為了啟動警報系統而承受壞結果。警告標誌也可以發揮同樣作用，這說明了看見驚嘆號和閃光燈的參與者，為何更能理解他們讀到的公平性資訊，而且更受影響。[11]

「結果加上過程資訊」為何以獨有的方式影響著我們？其實我們還有另一個思考角度。壞結果或許讓我們覺得脆弱（並使我們失去向心力），但壞結果本身通常不足以讓人脆弱和失去向心力。一旦承受壞結果，我們就必須決定是否願意變得脆弱，而我們利用過程公平性來決定。組織學者如梅爾（Roger Mayer）、盧梭（Denise Rousseau）和其他同事都認為，信任為一種承受他人行為的意願，基於期望他人在不受監督下做出正確的事。[12] 如果公佈不利結果的人進行高公平性過程，接受方很可能認為，未來對方在不受監督下也會做出正確的事。

總之，管理者的過程公平性是決定我們多信任他們的主因。我們對主管的信任，反之會決定我們受到多少他們通知的結果影響。舉例來說，如果他們給予不利結果但處理過程公平性高，我們會信任他們，因此不會因為這個不利結果打擊過大。我們認為，如果過程公平，即使目前無法得到很好的結果，我們總有一天也會分享到期望的結果。然而，如果過程不公平，我們很難相信未來會有什麼好結果。如果我們無法相信未來至少會有不錯的結果，我們有可能會更看重、因而也更被目前結果的有利性影響。[13] 表2.1所顯示的結果可以證明這一點：結果如果伴隨著高過程公平性，而非低過程公平性，那麼結果的有利性對於員工的生產力和士氣影響較小。

如果管理者了解高過程公平性代表他們值得信任的指標，並且能夠減少結果有利性的影響，那麼證明主管值得信任的其他指標，也應該有相同效果。主管必須公佈不利結果時，他們真正需要確認的事（如果他們想預測員工多有向心力）是員工多信任他們。伴隨不利結果的過程公平性高低是信任的決定性因素，但不是唯一的一個。有些人以比較樂觀的心態看待世界，所以他們理應比較信任自己的主管；這是「情人眼裡出西施」類型。

畢安奇博士（Emily Bianchi）和我最近完成了一項研究，我們要求參與者讀一段有關主管的敘述，然後請他們評價其過程公平性。有些參與者讀到的主管故事展現高過程公平性，其他人讀到的故事則展現低過程公平性。想當然爾，針對主管執行過程公平性的看法依此類推：讀到展現高過程公平性主管的人，相對於讀到展現低過程公平性主管的人，給予主管過程公平性的評價較高。更有趣的是，無論主管是否實踐高過程公平性，較傾向信任人格的參與者，同樣也會認為管理者實踐了較高的過程公平性。[14]

進一步來說，員工對於主管的信任，有時比較不是某個主管具體實踐過程公平性的結果，而是多半根據主管過去的行為而定，或是身邊同事提及是否信任或信任主管的程度。[15] 因此，主管在必須做出艱難決定的情況下，若想增加讓人信任的可能性，可以做以下幾件事。首先他們可以提醒員工過去普遍讓人信任的記錄。第二，他們可以請求組織有力人士的協助，傳達他們值得信任的訊息。不管他們是自己爭取信任，還是經由別人的協助，他們的說法都必須有可信度。要達到可信度，比方說在自己親自說服前，必須要仔細核對事實，或者在找人遊說的情況下，確認這個人選是「意見領袖，」因為有可信度，大家多半都很看重他的意見。

總之，高度信任由高過程公平性產生，較不影響結果，主管必須做出艱難決定時，應該努力嘗試各種方法，確保自己看起來值得信任。再次強調盧恩所言，沒有比好理論更務實的事情了。

另類的結果和過程聯合效應

到目前為止，由表2.1概括的研究成果指出，管理者有個辦法可以降低艱難決定對員工的有害影響：利用高過程公平性計畫和進行決策。然而，根據其他研究成果指出，如果我們是所謂艱難決定的接受方（比如結果很不利的情況），高過程公平性可能會產生一些反作用。如果我們認為造成或公佈壞結果的過程很公平，我們可能會覺得自

己特別糟糕。

幾年前，我有個朋友得知一個壞消息，這位著名商學院的教授，申請晉升至終身職的事被拒絕了。她有個好心的同事試著安慰她，「其實你不用覺得這麼難過；至少過程很公平。」我朋友禮貌地對那位同事笑笑，但內心覺得，「真感謝啊。有這樣的朋友，還需要敵人嗎？」

我們得到不利結果時，在某種程度上，**最不**想聽的話就是「過程很公平」。雖然不利結果加上不公平過程讓人氣憤（「在傷口上狠踹一腳」），這樣的結合也會附贈一個安慰獎：將壞結果歸咎於別人而不是自己的可能性。我們可能為了安慰自己，認為我們得到的壞結果跟自身沒多大關係，都是因為不公平的過程造成。然而，如果過程很公平的話，我們很難將結果歸咎於外在因素；我們得到我們「應得的。」過程很公平的話，我們會認為我們的結果是應得的，那等於說，我們本身一定有什麼問題（我們做的事或我們本身）造成這個結果。[16]

如果我們是承受壞結果的人，根據個人看待相關過程公平與否，可能會造成不同的負面感受。一方面，如果我們認為相關過程很公平，就會覺得**自己很糟糕**。另一方面，如果我們認為相關過程不公平，就會**對決策者生氣和不滿**。[17] 最近我親眼見到同一個人表現出這二種截然不同的反應（自我厭惡與反感情緒）。有個學生來找我談期中考成績，他考得很不好。剛開始我們談到他表現不好的原因，以及如何提高未來成績的方法。在談話過程中，我逐漸明白他很自責自己表現不好。他深感自責，覺得自己糟糕透頂。我勸他或許不需要對自己如此嚴厲，並且誠心安慰他。對話中我不經意提起，沒有任何測驗是評量能力的完美工具。我說，畢竟考試通常無法測量所有涵蓋的資料，所以或許他運氣不好，有時候就是這樣，你用心準備的沒考，比較沒準備的全考了。他感謝我撥冗相談，並且顧及他理智和情感的需求，之後離開了我的辦公室。然而，幾分鐘後他又出現了，那時他的情緒由對自己的失望，轉為對我的不滿。雖然這不是我的本意，但他把我對考試的看法當作考試無法正確評量知識的證據——換句話說，考試過程不公平。虧我還極力想維護他的自尊心。

管理者在必須做出艱難決定的時刻，不可能滿足所有人的需求。有些人可能認為結果很不利或不公平。管理者在處理這類對象時，挑戰性特別高。如果主管展現低過程公平性，員工會覺得生氣和不滿，因此生產力和士氣會降低。如果主管展現高過程公平性，員工會自感汗顏。假設主管一方面很在意員工的生產力和士氣，另一方面又很在乎員工對自己的看法，那麼聽起來必須做出艱難決定的主管，正處於進退兩難的狀態。事情非得這麼難辦嗎？

不盡然。我的建議是實踐高過程公平性，同時也留意接受不好結果的一方自責的可能性。

高過程公平性導致的自責，可能產生自慚形穢的多餘副作用。我們再進一步研究因為不利結果表現自責的各種型態。心理學家如傑諾夫—鮑爾曼（Ronnie Janoff-Bulman）等人，在**個性**自責和**行為**自責之間做過重要區別。個性自責意味著將壞結果歸咎於我們本身，如我們的個性或能力的不好程度。行為自責指的是將壞結果看成因為我們做了或沒做一些事情。

舉例來說，想像你在某個重要任務中表現得不如預期優秀。如果你是個性自責類型，你可能會認定因為你沒有成功的必備特質；認知原因是缺乏能力。如果是行為自責類型，你也許會認為因為沒有盡力而為而表現不好；問題起因是不夠努力。能力和努力都和經歷結果的人有關，但兩者有幾個不同點。相對於努力，能力被認為較難改變和控制。事實上，當人將壞結果歸因於缺乏能力，他們對未來的成功機會比較悲觀，無法盡力而為，然而如果他們將同樣結果歸因於缺乏努力，他們對未來就比較樂觀和具有熱忱。許多研究也顯示，一個人的沮喪程度和個性和行為自責兩者的關係大不相同：針對負面事件的個性自責與沮喪有關，而同樣事件的行為自責與沮喪無關。換句話說，面對不好事件時，只有個性自責會讓人自感汗顏；面對同樣事件的行為自責，讓人**沒那麼**沮喪。

對於必須做出艱難決定的管理者，以上這些發現清楚地說明：他們應該利用高過程公平性計畫和執行決定，留意接受不好結果的人可能感到自責的事實，然後幫助他們將自責原因導向更接近行為方面，而不是或比較不是性格方面的自責。關於應該鼓勵人將自責歸因於行為而非個性這一點，剛好和提供建設性負面回饋的一個重要原則有關：回饋一般應該涉及人的行為而非個性。比方說，管理者不要批評員工「不可靠」，而是應該針對他們表現明顯不可靠的各種做法，給予行為方面的回饋（例如工作品質不一致，或會議遲到）。正因為行為導向回饋傳達給人的訊息和行為自責相同，所以效果更佳：改變有可能發生，事在人為。

鼓勵行為自責而不是個性自責除了有靈活性，可能還有另一個好處：鼓勵員工更有道德表現。想像在某個狀況下，不利結果指的不是員工得到的東西，而是他們帶給組織其他人的傷害。比方說，員工有時候以自己或其服務單位最大的利益考量行事，即使那不是對組織最好的做法。又或者，傷害因為員工**沒做**什麼而造成，例如不願意使盡全力，為自己團隊爭取更可能成功的機會。思考他們所造成的傷害時，人通常會覺得羞愧或內疚。雖然這兩種情緒互有相關，但是意義不同：「羞愧」反映責怪當事者的傾向（「我覺得自己很可恥」），「內疚」反映責怪行為的傾向（「我對所做的事情感到內疚」）。如格蘭特近期的發現指示，人在覺得內疚而非羞愧時，更可能做出有道德的事。羞愧驅使人抨擊或退縮，但內疚讓人更可能同情他們所傷害的人，進而賠禮道歉。[20]

壞結果與高過程公平性相關時，管理者可以做其他事情（除了鼓勵行為自責）幫助員工處理自愧不如的可能副作用。基本上，在這個時候，人需要的是提高自我意識。阿瑪泊和克萊默（Steven Kramer）在他們近期出版的新書《進步的定律》（The Progress Principle）寫道，人類在持續逐步完成感覺很有意義的工作時，會對自己和工作很滿意，進而激發熱忱、表現和創造力。[21] 因此管理者的工作是創造環境，讓員工擁有這類「小贏」的經驗，例如設定明確目標、允許自主和提供資源。管理者清楚表達終極目標，以及實踐中必要的子目標，當子目標實現，他們可以藉由表揚活動讓員工體會這種小贏感受。

再者，只要不是感到自我脅迫的環境，都有機會提升自我意識。很多讓人感到自我脅迫的工作環境（例如在公平過程下得到壞結果）非常棘手，部分原因是它會影響人全面或整體的自我意識。幸好員工在感到自我脅迫時，可能會因為做出自我肯定的事而獲益，即使不在自我脅迫的環境裡，也是如此。舉例來說，接受壞結果但處理過程很公平的人，如果做了某件事（例如有意義的志願工作）讓他們覺得身為社群成員很自豪，志工經驗可能真的會反過來正面影響他們對於身為組織成員的自我感受。[22]我們在第四章會討論更多這類員工找到自我肯定或自我修復的經驗。

現在我們來回顧本章開頭討論的三種情境，這些當事人都是壞結果的接受方，但是他們必須決定是否支持雇主。我們的外派人員保羅必須決定是否繼續外派任務，這是雇主期望他完成的事，但他的家人有適應問題。我們的癮君子安娜貝爾必須決定是否留在原來公司，新的禁煙令讓她很猶豫要不要繼續留下來工作。湯姆要決定是否因為雇主即將實施減薪計畫，就此切斷雙方長期的合作關係，另外找工作。根據許多研究顯示，雇主的過程公平性是大幅改善這些情況的其中因素。我和葛朗理克（Ron Garonzik）、希戈爾（Phyllis Siegel）等人的研究發現，類似本書開始的場景主角「保羅」這種外派情況的人，如果他們的雇主允許他們針對決定表達看法，以及如果他們覺得雇主整體上給予他們尊嚴和尊重，他們較不可能考慮及早返鄉。[23]

葛林伯格發現，類似「安娜貝爾」情況的人，如果公司董事長提供很多實施禁煙的相關資訊，如果他對吸煙者表達真誠的關心和照顧，了解禁煙對這些人的苦處，他們比較容易接受禁煙政策。[24] 葛林伯格的另外一項研究指出，類似「湯姆」情況的人，如果公司總裁誠懇說明減薪的理由，以及真誠表達非得如此執行的遺憾，他們就比較不會在面臨減薪時離開找別的工作。[25] 在這些和其他許多例子中，如果管理者實踐較高的過程公平性，員工對雇主的忠誠度就更高，尤其在員工必須忍受某種壞結果的時候。

本章摘要

本章首先討論影響判斷過程公平與否的諸多因素。有些根據決定的特定（例如是否允許提出看法），但有些是計畫和實施決策者的人際行為（例如他們是否給予受影響對方尊嚴和敬意）。接下來我們思考決定的結果（公平性或有利性）如何對應過程的公平性，進而影響員工的生產力和士氣。

我們在第一章討論壞結果加上不公平過程（「在傷口上狠踹一腳」）時，將「過程—結果的交互作用」描述為有毒的組合，這裡我們還要以另外兩種方式形容：(1)好結果可以顯著補償（但並非完全）不公平的過程，以及(2)公平的過程可以顯著地補償（並非完全）壞結果。請避免斷定好結果和公平過程的功能相同（即一個存在讓另一個顯得不重要），這兩者有不同的財務成本結構。一般來說，組織給予多數員工希望的結果，比起以高過程公平性對待員工，要花更多錢。如果組織希望員工達到最大的生產力和士氣，並且具有經濟效益，「最佳點」應落在給予適當有利的結果對應高過程公平性的地方。

在本章，我也要討論結果的有利性和過程的公平性，彼此交互作用而影響員工生產力和士氣的原因。有兩種解釋在某些程度上意義相近，但彼此出發點不同。其中一個起始點是結果，也就是說，結果是否被認定為好或壞。壞結果有威脅性；它們啟動人類警報系統，讓我們對有利於減少或管理威脅經驗的資訊更敏銳。過程公平性就是這類資訊來源。一旦我們將注意力擺在過程公平性資訊，我們自然而然會受其影響。這整個互動過程在好結果情況下不經常發生，證明了過程公平性為何在接受壞結果而非好結果時，對於員工生產力和士氣更有影響力。

另一個說明的出發點是關於「過程的公平性」。員工真正想知道的是管理者會如何對待他們。許多研究結果已經證實，主管的過程公平性和員工信任他們的程度有直接相關。實踐較高過程公平性的主管贏得更多的信任，而主管贏得更多信任時，他們的員工比較不介意，也因此比較不會被目前結果的好壞影響。這其中可能原因是：(1)較高過程公平性讓人對長期結果較為樂觀，以及(2)人如果相信以長遠來看，他們可以合理分享好結果，他們願意用短期結果做交換。知道結果和過程為何彼此影響非常重要，無論在理論或實踐方面：一來可以協助管理者合理判斷員工信賴他們的程度，同時也建議管理者應該思考其他方法（除了實踐高過程公平性），增加員工對他們的信任。

最後還討論一個小問題，那就是結果有利性和過程公平性以截然不同方式相互作用，影響著人對自己的感受。雖然不公平的過程加上壞結果可能引發員工直接針對主管的怒氣、不滿，甚至可能是暴怒，但是公平的過程加上同樣的壞結果可能會讓人自愧不如。後者的發現意味著主管必須做出艱難決定時，他們應該使用低過程公平性減緩壞結果對人的自尊打擊嗎？不是。相反地，他們應該以高過程公平性規劃和執行艱難決定。不過他們也應該同時注意員工可能會經歷自我意識威脅；因此，必要的時候，管理者應該隨時準備採取行動，幫助他們解決這種威脅。

舉例來說，既然高過程公平性讓人將壞結果歸咎於自己，管理者應該鼓勵行為而不是個性方面的自我歸咎。事實上，臨床心理學研究也提到，人類對於不利結果的自我歸咎本質，是他們對自己負面感覺程度的分水嶺。他們越把壞結果歸咎於自己本身（個性自我歸咎），他們就越厭惡自己。然而，他們越把壞結果歸咎於自己有做或沒做的事（行為自我歸疚），他們就**越不會**否定自己。

第3章

推動改革：一切盡在過程中

（至少大部分如此）

針對組織的各種活動和決定，員工的反應深受過程公平性影響。無論是希望很多人或是單一個人支持某個決定，我們認為一定要讓對方相信過程很公平。然而，高品質過程雖然能促成員工支持組織決定，考量的因素不只是公平性問題。

本章一開始，我們先以「組織極力說服員工支持某項改革」為背景，提出這個問題：**過程應該是何種面貌**？你也許注意到我使用的詞彙是「組織」和「某項改革」。這是為了表達一種概念刻意選擇的字眼，意思是高品質過程的功能影響廣泛，涉及許多不同類型的組織和改革。不論你任職於《財星》五百大企業、政府機關或非營利機構，無論改革的性質為何（例如，組織正在進行擴大或瘦身），過程必須正確的原則都大同小異。

組織定期提出改革措施的原因很簡單：外在環境的變動。世界不斷在變化。有時候外在環境變得更險惡、壓抑和嚴厲。比方說，有時我們必須面對意想不到的新興競爭對手。

每年春天，我在自家後院種菜，細心照顧了幾個月以後，等到夏末作物成熟，我總能看見辛勞的果實（蔬菜）：美好過程（在菜園工作覺得很放鬆）＋美好結果（有美味蔬菜可吃，又可在夏末與他人分享，其樂無窮）。可是有一年，我無法享受美好結果：動物吃掉了我的作物。我當時想，怎麼可能？我做的工作和前幾年一模一樣，但唯獨今年沒有任何收成。後來我突然明白：我有了新的競爭對手。如果我還想繼續享受豐收的成果，做法不能一成不變。於是隔年我第一次在菜園附近加裝了鐵絲網柵欄，意圖「擊敗競爭對手。」於此我明白了一個道理，力圖革新的管理人也不妨參考一下，那就是我們都得面對外在環境。雖然我們可以想辦法影響正在改變的事物，但一般來說我們對環境的影響非常有限。我們必須定期觀察我們的環境，積極預測未來世界的走向，或至少在世界已經改變時適當地應對。

有時候，新的環境限制來自法規形式。二〇〇八年前後的金融服務業人士都能明白我的意思。二〇〇八年全球金融危機以後，二〇一〇年七月美國簽署通過《多德—弗蘭克華爾街改革和個人消費者保護法案》（Dodd-Frank Wall Street Reform and Consumer Protection Act），擴大聯邦政府對金融市場的監管功能。舉例來說，政府設立單位保護消費者免受詐欺，並且減少銀行收取消費者使用信用卡的費用等等。監管環境的新世界次序迫使金融服務機構改變經營的基本方針。公認為目前摩根大通銀行總裁戴蒙（Jamie Dimon）接班人的資深主管卡瓦納（Michael Cavanaugh），突然宣布辭職，接任私募基金「凱雷集團」的工作。卡瓦納離職的主因是諸如摩根大通這類的大銀行，比起同行的私募基金公司，監管環境更加嚴峻。

外在環境的變化不只對組織造成威脅，同時也提供機會。消費者喜好的改變或技術革新或許能刺激組織提供新的產品或服務，或是採用新做法提供現有的產品和服務。新興市場也隨之出現。例如，二〇〇一年由「高盛」公佈的《金磚四國報告》指出，二十一世紀中葉，以第一個英文字母BRIC表示的四個國家（巴西、俄羅斯、印度和中國）將成為全球最強的經濟體。[1] 如同這些新興市場本身即代表機會，跨國組織也各自爭取其優勢地位。

如此這般，世界不斷地變化，為了因應或（甚至更好）預測世界未來走向，組織也隨之改變。例如展開新的策略和培育計畫，其中經常伴隨著裁員、成長（不是體質上改革，就是透過併購方式）、遷移、改組、外包、新技術和引進新的政策、系統和程序等活動。進一步來說，組織變革似乎也變得更普遍。在高階主管教育課程中，我請大家描述組織的重大改革，他們一般回答至少有二個以上的前述改革活動同時在進行——或者，即使不是正好同時發生，也是接二連三地進行中。

總之，就如古希臘哲學家赫拉克利特（Heraclitus）大約在西元前五百年所說的，「唯一不變的就是變。」二千五百年前首次提出的赫拉克利特名言，不正是貼切的有力評論嗎？

做對的事情，把事情做對

常言道，優秀的領導和管理大致是做對的事情和把事情做對。這種說法確實適用於成功的組織改革。為了順利推動組織改革，高階主管需要做對的事情。鑒於外在環境的變化，鑒於組織必須運用的資源或資產，鑒於盛衰週期走到的位置，組織需要建立適當的願景和策略。根據研究顯示，組織往往在這方面成績斐然。願景和策略的本質通常都發展得很好。然而，經常出現的問題是組織沒有把事情做對。計畫和執行變革的過程有瑕疵；尤其在忽視人性特質這方面。

無論何時發生改變，都可能引發截然不同的反應。一方面，改變有時候讓人歡欣鼓舞。比方說，有人可能覺得改變早該發生，所以很樂於接受。另一方面，有時候改變會讓人覺得疑惑、生氣或無感；因此會抗拒改變。什麼原因讓員工可能產生這個而非另一個的反應呢？其中的重要決定因素在於管理者用來規劃和執行改革的過程品質。公平性絕對是影響過程品質的其中因素。但高品質過程比起認知的公平性，還有更多的決定因素。

這些影響高品質過程的其他特性，將在本章分成二個部分討論。第一，以廣泛的概念範圍來看，我們會考量幾組促成力挺而非抗拒改革的因素。這點和高品質改革領導過程的思考「大方向」有關。第二，以更具體的層面來說，我會提出一些具體實例，說明公司在極力促成改革的過程中採用的最佳做法。

表達敬意

本章有關論及組織發展和變革的世界三大頂尖權威著作，多數有其淵源：哈佛商學院的比爾和科特（John Kotter）和哥倫比亞商學院的吉克（Todd Jick）。

比爾介紹的廣泛架構正是引自盧恩的假定，在任何涉及變革的情況下，人容易被兩個相反方向的力量牽引，有些力量促使他們改變，但有些力量形成阻礙。我們陷於改變與安定的內心掙扎，類似「雙頭動物，」兒童讀物裡「杜立德醫生」（Doctor John Dolittle）生活時代的虛構動物。敏銳的改革推動者也認同，人同時受到改革和安定力量的拉扯。因此，管理傑出的改革過程包含創造條件，以便加強刺激改變的**驅動**力，同時降低阻礙改革的**抑制**力。再者，吉克和科特給予力圖改變的管理者更具體的建議。[2]首先，我們會總括改革推動者必須知道的改革過程。第二，因為魔鬼藏在細節裡，我們會考量一些影響高品質變革領導過程的具體細節。

大體而言，要把事情做對

刺激行為改變的驅動力有三部分：

(1)必須不滿於目前的做法（「事情不妙」）；

(2)必須相信有取代現狀的更好做法（「事情居然可以這麼好」）；

(3)需要適當機制由不滿的當下狀態轉為美好未來狀態（「我可以、我想要從這裡走到那裡」）。

詳談驅動力

人必須想要改變；這是無法接受現狀時會產生的想法。大部分的人聽過這個說法「東西沒壞就別修。」若想要改革，人必須相信東西真的壞了。管理完善的改革過程表達了對現狀的不滿。當然，如果改革推動者只注意到什麼東西壞掉或出錯，會給人太負面，或者太掃興的感覺，談不上是激勵改革的領導。因此，過程中也需要表明有處理現狀的更好做法。這個更好做法可由「願景」這個詞來形容。願景是人在內心想像的美好未來，驅使人展開旅程的理由。願景必須明確、可實現，以及鼓舞人心。儘管如此，將不滿提出來，並且以願景形式提供替代方案還是不夠。這可不像運動品牌Nike廣告所言「做就對了」這麼簡單，人還是需要知道怎麼從這走到那的路線圖。除了提供路線圖，改革推動者還需要在過程中做許多工作，讓人願意和能夠完成旅程。

抑制力

人會抗拒改變是因為覺得很花錢。他們可能認為改變意指失去權力、名望、控制或工作保障。有趣的是，即使進行改變有機會讓組織變得更好，這種情況照樣會發生。在一個備受矚目、名為《海上砲火》（Gunfire at Sea）的案例研究中，莫里森（Elving Morison）描述美國的海軍高階主管如何因應二十世紀初的突破性技術。這項技術讓海軍軍官能夠提高至少百分之三千的射擊準確率。不用說，華盛頓特區的海軍權力體制應該會欣然接受這項突破吧！然而，例如中級軍官西姆斯（William Sims）曾多次試圖說服海軍高階決策者認真考慮這項突破性技術，卻不斷遭受忽視或回絕。最後他直接寫信給美國總統（羅斯福總統），這項革新才獲得重視。西姆斯之前的要求為何都石沉大海呢？在諸多原因中，莫里森認為因為西姆斯在過程中，還順帶批評建言單位的過去成果。這個例子無疑是個重大警訊，說明人會因為維持現狀擁有既得利益（抗拒改變），就算有再好的做事方法也同樣不為所動。更現代版的《海上砲火》案例變化是，員工認為（無論正確與否）接受改革代表可能導致失業，所以他們抗拒改變。[3]

改變也會帶來不確定性，此時人必須忍受不明狀況，例如新組織的面貌如何和他們在其中扮演什麼新角色。從支持「做生不如做熟」的派系觀點來看，我們可以理解可能抗拒的原因。做不一樣的事情，代表必須將人帶離自己的安樂窩。他們也許能勝任目前的工作，但因為改變會要求他們做新的事，他們會擔心自己的能力不足以應付未來工作。

改變也代表必須做更多工作。學習做新的事情的同時，你還有很多原有的責任。舉例來說，回想你上次出差旅行或家庭旅遊的時候。以個人或工作的角度來看，出發當天早上或前兩天是什麼狀況呢？肯定忙翻了吧。為什麼？因為你在處理個人層面的變化。除了一般工作（如完成報告和給予直屬下屬建議），你還要準備很多旅行的相關事宜，除此之外，還有一般家庭活動，如陪孩子一起做功課和照顧家裡寵物等。同理可證，在職場上提出改革，通常代表額外工作會加重員工的生活壓力。因此，如果他們不喜歡改變的方向，如果他們無法接受不確定感，如果他們不喜歡被拉出安樂窩，而且如果他們還被要求承接更多工作，我們就不難理解人為什麼會抗拒改變了。

簡單說來，**人有各種理由抗拒改變**。遇到抗拒的情況，管理者必須發揮好奇心，找到抗拒的原因。注意這可不是「全體適用的規則。」敏銳的改革推動者能夠診斷員工抗拒改變的根本原因，進而找到有效對應抗拒的做法。一般而言，診斷先於干預。管理者處理員工抗拒時，應該根據抗拒的來由，採用完全不同的形式做法。舉例來說，假設管理者發現抗拒的原因是員工懷疑自己面臨改革時，是否有執行新任務的能力。如果是這種原因，管理者應該允許他們練習新技能，或是派他們去上訓練課程，讓他們獲得新技能。

另一方面，員工有可能不是因為懷疑自己的能力而抗拒，而是因為他們不想進行改革必要的工作項目。管理者如果派這樣的人去接受訓練課程，恐怕作用不大；畢竟他們本來就有能力。這裡提供的技巧是進一步抽絲剝繭，探究他們為何不想做改革必要的工作項目。他們也許是不明白改革對他們的好處；既然如此，要突破的是對他們說明有好處這點。又或者抗拒的原因與改革的本質沒那麼相關，而是因為提出改革的方式。比方說，無法適當溝通改革的理由。既然如此，必須立即溝通改革的理由，就算之前沒有說明清楚；晚做總比不做好。概括而言，我們必須承認，抑制力（或員工抗拒改變的根本原因）可能有各種形式。管理者必須精確診斷，找到抗拒的根源才好對症下藥。

高品質改革過程可能促使員工接受而非抗拒改革，請看以下摘要：

變革＝（D×V×P）＞C

上面等式中括號內的字母代表驅動力。D表示表面上對現狀的**不滿**。V表示提供未來狀況的**願景**。P表示具有適當**過程**，可以激勵和支持員工由不滿的現狀轉至更好的未來狀況。C代表改變的**代價**；著重於抑制力，或者說是抗拒改變的根源。促進改革的驅動力超過抗拒改革的抑制力時，員工會樂於接受改變（體現方式是員工提高生產力和士氣）。不過請注意這是概念性等式，不是數學等式。它只是提供一個方式思考高品質改革過程的面貌。我們故意在D和V、V和P之間放上乘號。乘號代表改變必須表現出**所有的**驅動力：一百乘以一百乘以零，結果還是等於零。換句話說，如果任何驅動力處理得不好，改革都不可能成功。因此，這個等式暗示管理人不要把所有的心力都放在驅動力。還必須注意抑制力或抗拒根源。

改革過程要順利進行必須符合很多條件，這點對未來的改革推動者而言，壓力非常大。雖然說膽小怕事的人不適合接手改革工作，但也不是說所有有關推動完美改革過程的工作，管理者都必須樣樣精通。這裡僅是表示，「DVPVC」架構所有必須存在的條件，跟力圖改革的管理者必須擅長D、V、P和C所有條件，是截然不同的兩件事。我們會花點時間討論組成這個架構的具體行為，管理者可以進一步評估他們身為改革推動者的表現。我先打個比方，假設管理者很善於推動管理完善的改革過程大方向，也就是D和V，但不是很精於執行細節，也就是P和C。那麼這位管理者有二個可能做法，而且彼此不相互矛盾。一方面，他可以著重於改善不擅長的部分。我會提出具體建議，他必須或多或少做到哪些事情，以便更有效率地處理他不擅長的過程面向。另一方面，他可以嘗試和擁有這些技能、正好彌補他不足的人配合。如果他很擅長D和V，而且他可以和擅長P和C的人形成合作關係，那麼所有實現管理完善的改革過程元素，他都齊備了，這種情況下，改革成功的機率就很高。

具體來說，把事情做對

吉克根據科特和其他人的研究，提出一個更具體的方式思考管理完善的改革過程，他稱為領導變革「十誡。」[5]我在幾個重要層面上會參考吉克的十誡說。第一，既然他所有的觀點在某方面來說和比爾的DVP>C架構重疊，我會將吉克的十誡和比爾的架構彙整起來。坦白說，吉克的十誡以更具體、因而更可行的形式呈現比爾的架構。第二，為了讓管理完善的變革過程更加可行，我設計的三十四項清單，多數參考吉克的十誡。雖然我不會在此談論**全部三十四項**內容，但也會提及大部分；完整的工具（改革實施問卷調查表和其計分指南）可見附錄A和B。完整的工具有二個重要性：可以完整詳細地描述管理完善的改革過程，又可以提供一個平台，讓管理者評估作為改革推動者的表現。看完這項工具以後，請做一些自我診斷。哪些項目代表你最常做的事？哪些項目是你比較少做的事？我會提供具體例子，說明有遠見的改革推動者實現了多少項目，並且提供研究支持的證據。我也會討論吉克的十誡，因為它和比爾改革架構（D×V×P）>C的各項元素息息相關。

吉克十誡的其中二個正好座落於D的範疇，代表顯露對現狀的不滿：(1)分析改革需求，以及(2)營造迫切感。讓我們逐一討論之。

分析改革需求

為了分析改革需求，管理者必須確實掌握組織的經營狀況，深入了解影響組織績效的根本原因。如果管理者分析改革需求的能力很強，他就很容易執行改革實施問卷調查表的第一項：「我清楚說明**為何**改革前的現況讓人無法接受。」我們在第二章討論過提出說明的重要性；公平過程的其中組成要素。然而，我們前一章還沒討論到的是，為何提出說明有助於提高員工的參與性。換句話說，為何有必要解釋為什麼？首先，這和實質或資訊因素有關。致力推動改革的管理者，有時沒發現員工不像他們這麼清楚改革原因。某種程度上，這種疏忽可以理解。畢竟相對於他們想要說服的員工，管理者比較容易取得分析改革必要性的資訊。他們向直屬員工發佈消息前，也許已經知道改革計畫一段時間。

例如，在進行裁員或關閉工廠的計畫對組織所有員工公佈以前，他們可能早就接獲消息。改革推動者必須回到當時他們得知為何現狀不可接受的時間點。如果他們認為事先了解改革原因的資訊很重要，那麼員工也可能會覺得這類的消息很有幫助。

第二個必須說明的理由，**象徵意義大於實質**。這種說明可能象徵員工更願意支持的幾件事。例如，代表管理者很希望員工了解即將改變的原因。同時也顯示管理者能夠理解，或至少知道員工可能經歷的不安，這點會讓員工很感動。這樣的例子不見得一定要準備實質說明的材料；光是說明本身就深具意義。幾年前我和妻子（奧黛麗）坐在機場出境區等待登機。正常情況下，航空公司在出發前三十分鐘會宣布開始登機。我們預訂下午一點出發，可是等到十二點半都過了還沒聽到宣布。十二點四十五分沒宣布，一點鐘也沒有。這時候奧黛麗注意到等待區有很多人開始坐立不安。不是因為沒飛機；飛機就停在出境區外面。於是奧黛麗大步走向登機地勤人員那裡，禮貌地說，「不好意思。我是商業心理學家，我建議你們可以大概解釋一下沒通知我們登機的理由，這樣我們會覺得比較安心一點。」不久之後，我們聽到以下宣布：「班機延後起飛。」雖然這是明顯的事實，但這項「資訊」足以撫慰許多等候多時的乘客。有人咕噥著，「還好他們有說明！」另一個人說，「至少我們了解他們知道怎麼回事。」

學者蘭格、伯蘭克（Arthur Blank）和車諾維茲（Benzion Chanowitz）的一項全面性研究顯示，人比較樂意支持提出解釋的人，即便說明的具體材料不足。這次研究的參與者各自站在影印機旁影印和忙於自己的工作，不曉得即將參與一項心理研究。研究人員會走過去打斷他們，想要插隊影印。研究人員對有些參與者說，「不好意思，我只有五頁。可以用一下影印機嗎？」但是對其他參與者說，「不好意思。我只有五頁。可以用一下影印機嗎？因為我急著用。」

雖然第二個要求附加了「解釋」（「因為我急著用」），其實這個解釋沒有提供參與者任何新的訊息。然而，得到解釋的參與者，顯然比起沒得到這類「解釋」的人，更願意先讓研究人員影印。蘭格和其同事認為，有時候人與人之間的互動以無意的方式進行，他們沒注意到彼此實際說了或做了什麼。但只要別人的行為具有正確的形式（以這個例子來說，要求應該附加解釋），我們都很願意配合。[6] 說這些不是表示，力圖推動改革不需要提供實質資訊說明為何必須改革，或是任何老套的解釋都可以接受。

和影印研究參與者不同的是，改革組織的員工可能很在意他們接收的內容。因此，改革推動者必須提供清楚而合理的解釋。不管如何，蘭格、伯蘭克和車諾維茲的研究結果都已證實，人在獲得清楚而合理的解釋下願意支持的原因，比較具有象徵性，而不是實質性價值。

製造急迫感

組織如果發現處於危急之際，至少還有一個好處，那就是不太需要製造改革急迫感；因為急迫感已經存在。製造急迫感，指的是管理者主動而非為了因應問題提出改革，這表示組織的現狀應該還不錯，也許還更好。製造急迫感的行動有個例子在附件A改革實施問卷調查表的第三項：「我提出改革是因為預測到問題，而不是為了因應已經浮出檯面的問題。」這又引發下列問題：如果大家認為現狀沒有什麼問題，改革推動者要如何**合理地**製造急迫感？答案有二個，我會分別提出佐證。首先，我們可以說雖然現狀還不錯，但是不久的將來，事情有可能不妙。我們稱此為「生死關頭」策略。第二，我們可以說雖然組織現狀還不錯，但應該還可以更好；所以，不努力提升代表還沒得到最大收益。我稱此為「追逐金牌」策略。我們以下分別討論之。

生死關頭

幾年前，我是「哥倫比亞大學策略規劃委員會」的一員。雖然我們的任務很簡單（規劃大學整體發展的新策略計畫），但還是有點挑戰性。哥倫比亞大學是組織複雜的機構；因此，建立新策略計畫不是一件小事。在第一次的會議上，大學教務長盡力提出令人信服的理由，解釋我們為何需要新的策略計畫，我們（委員會成員）禮貌性地聆聽，但其實多數人心裡都不認同。我們認為，哥倫比亞大學到底是個領先的學術機構，事情有嚴重到我們需要提出未來五年的新策略計畫嗎？我們不能延續一直以來的做法嗎？當時會議盡是滿足的氛圍，直到我們聽到財務長報告學校的財務狀態。他說，眼前看起來不錯。雖然大學在前一年的花費超過預算，但還不至於是我們該擔心的數字。

然而，嚇人的是他的前瞻性預測。他說如果學校無法提出新的策略計畫，而是繼續堅持舊有做法，我們下個學年會產生龐大的預算超支，數目大到甚至超過兩年下來合計的預算。我們原有的滿足感瞬間幾乎消失殆盡。這時候我們才正式進入狀況，更加認真看待策略規劃過程。我至少能想到兩個理由，說明財務長為何成功地製造了急迫感。

第一是說明本身；他使用精彩的簡報投影片補充說明，致使改變變得可信和容易理解。第二，由財務長本人而不是指派屬下說明這件事，加強了說明的可靠性。不管怎樣，可以說經過財務長的說明以後，我們委員會成員不再像以前那麼沾沾自喜了。

追逐金牌

製造急迫感的另一種方式是說明組織令人滿意的現狀，絕對有更好的取代方案選擇。如果察覺到事情的現狀和**能夠**達到的狀況有所不同，人應該會不滿意目前的狀況。這類製造急迫感的特殊方式，最佳的實踐者是賈伯斯（Steve Jobs），已故蘋果電腦的創立人和資深總執行長。在蘋果熱門產品（如 iPod、iPhone 和 iPad）問世以前，多數人努力讓生活過得還不錯。賈伯斯的天才之處在於，他想像出使用這些產品的世界，比從前多好幾倍的美好，成功說服組織內部的人改變，而且更重要的是，連組織外部的人也改變了。有次記者問他關於 iPad 推出前的市調問題，他的回應造成轟動，「沒有。消費者不需要知道自己想要什麼。」賈伯斯認為，向世人展現比目前更美好的新世界是他（蘋果公司）的責任。

你覺得兩種製造急迫感的方法，哪一種比較好呢？是「生死關頭」還是「追逐金牌」比較能激勵人捨棄不錯的現狀？多數高層主管回答這個問題時都認為，前者比較容易製造急迫感。請注意，這個答案顯露了他們的人類天性理論，他們其實說的是，人在避免不好情況時，比起接近良好狀態時，更能產生動機。諾貝爾得主卡尼曼（Daniel Kahneman）和其已故的共同作者特維斯基（Amos Tversky）提出這樣的解釋：

損失傷害大於獲利價值。比方說，損失一百元的痛苦，比得到一百元的快樂還大。

話雖如此，由哥倫比亞大學的同事希金斯（Tory Higgins）所進行的研究提出，哪種方式更有效製造急迫感的答案沒那麼單純。如希金斯提出的調節焦點理論，這要看你想要影響什麼人而定。這裡我稍做解釋一下。希金司的出發點以「人追求接近快樂和規避痛苦」為基本原則，他認為我們設法接近快樂和規避痛苦的方式有很重要的差異，而且這些差異深深影響我們的思考、感受和作為。（希金斯的訊息和本書主旨相同：不只是結果重要，我們到達目的地的經歷過程也很重要。）

希金斯提出，我們可以採取**趨利焦點**（promotion-focused）或**避害焦點**（prevention-focused）的做法獲得快樂和規避痛苦。趨利和避害焦點之間有三點重要差異：我們設法滿足的需求、我們努力達到的標準，以及我們如何看待與標準有關的結果。人傾向趨利焦點時，容易因為渴望成長茁壯而奮發圖強。顯著的標準是「理想自我，」反應夢想和渴望。趨利類型的人，依循獲利與沒獲利方向思考成果；成功達成理想自我的時候，他們體會到獲得的喜悅，失敗時感受沒獲得的痛苦。

相對來說，人傾向避害焦點時，為安全和保障所驅使。避害型的人的顯著標準是「應該自我，」反應職責、義務和責任。他們根據損失和沒損失的標準思考成果；他們成功實踐「應該自我」時，體會到沒損失的快樂，他們達不到「應該自我」時，感受到損失的痛苦。[8]

思考趨利和避害焦點的差異，或許還有個更簡單的方法：趨利型的人「為了贏而玩」，避害型的人「為了不要輸而玩。」實際上，根據不同情況或情境，大家都可能是趨利焦點或避害焦點的人。只不過，大致是偏向趨利或避害類型，則要因人而異。趨利型領導人的例子有一九六三年「向華盛頓進軍」（March on Washington）集會的金恩博士（Martin Luther King），他發表的著名演說題為「我有一個夢想」，呼籲終結種族歧視。避害型領導人的例子是英特爾（Intel）共同創辦人葛洛夫（Andy Grove），他寫了一本管理主題的暢銷書《10倍速時代》（Only the Paranoid Survive）。金恩和葛洛夫都是有遠見的領導者，他們致力改革，凸顯了調節焦點傾向的重點。趨利或避害焦點的傾向無法由行為本身判定。我們幾乎任何事都可以採取趨利焦點、為了贏而玩的態度，或是避害焦點、為了不要輸而玩的做法。我們進行自我調節（也就是過程）的方式才是影響關鍵。

除了傾向趨利或避害焦點的個別差異，某些情況或環境也會影響調節焦點導向。舉例來說，新興企業的公司文化可能以趨利為焦點，特別在剛開始的時候。新興企業員工通常動機強烈，致力達成創辦人的理想抱負。相對而言，制度成熟的電力公司文化可能更傾向避害做法，其明顯的目標是避免電力耗損（「維持電表運作」）。

大致了解調節焦點理論的基礎以後，讓我們回到稍早提出的問題，哪一種方式可以有效製造急迫感：是「生死關頭」做法，還是「追逐金牌」做法，讓人比較願意離開令人滿足的現狀？我希望這時候你會對自己說，「這要看這個人比較傾向趨利還是避害類型。」如果是為了不要輸而玩，「生死關頭」的做法比較適合用來製造急迫感。然而，如果是為了贏而玩，「追逐金牌」的做法比較適合。

根據伊德森（Lorraine Idson）、利伯曼（Nira Liberman）和希金斯的研究顯示，即便細微的情境暗示，也可能影響人的趨利或避害傾向做法，繼而影響他們承受正面或負面結果的強度。在這項研究中，參與者被要求想像在書店裡買自己需要的書。使用語言的些微差異，促使他們分別傾向趨利或避害心態。被誘導成趨利焦點傾向的人得知，「這本書的價格是六十五美元。你在排隊結帳的時候發現，店家提供付現折抵五塊錢的優惠，所以你決定付現。」相反地，被誘導成避害做法傾向的人得知，「這本書定價六十美元。你在排隊結帳的時候發現，刷卡店家會多收五塊錢手續費，所以你決定付現。」請注意這二者些微的語言差異：趨利架構強調付現得到五塊錢的好處，而避害架構強調刷卡損失五塊錢的壞處。只在乎成果或結果的人也許會看著這二種情境說，「半斤八兩，沒什麼差別。」況且不管遣詞用字強調趨利或避害，刷卡就是付六十五元，付現就是六十元。

參與者同時拿到結果資訊。給予趨利架構的人被告知「你翻看皮夾，發現你其實有現金，所以你會拿到折扣」（獲利情況），或是「你翻看皮夾，發現你沒有現金；你必須刷卡，所以你不會拿到折扣」（沒獲利情況）。給予避害架構的人被告知「你翻看皮夾，發現你其實有現金，所以你不必負擔手續費」（沒損失情況）或是「你翻看皮夾，發現你沒有現金；你必須刷卡，所以你要付手續費」（損失情況）。

所有參與者接著根據告知的情況，評比他們的感覺好壞。當然，比起負面結果，正面結果讓人感覺比較好；比起沒獲利，獲利的情況讓人感覺比較好，而比起損失，在沒損失的情況下感覺比較好。更有趣的是，人的趨利或避害傾向，也會影響他們的經歷。趨利型的人經歷獲利，比起避害型的人經歷沒損失，感覺好非常多。請注意這二組人經歷相同的正面結果：付了六十塊現金買書。但是由於趨利類型的人比避害型更看視正面結果，因此，趨利類型的人一旦獲得正面結果，他們體會到更多的好處。相反地，避害焦點的人一旦遇到損失，他們比趨利型的人在沒獲得的時候，感覺更糟。

這二組人都經歷一樣的負面結果，用信用卡付了六十五元買書。然而，趨向避害焦點的人，比起趨利型的人，更看重負面結果。因此，避害型的人碰到負面結果時，更強烈體會其壞處。[9]

以上結果至少提供了三大理由，說明面對改革時，我們為何要考慮聽者是否為趨利或避害類型的人。首先，這些發現修正了一個普遍為人接受的想法——「損失的痛苦大於獲得的價值。」其實這點似乎更適合形容避害型的人，而非趨利型的人。[10] 第二，雖然我公佈這些結果的目的是為了更了解這二種方式，何者比較適合用來製造改革的急迫感，但是趨利和避害焦點之間的差異，反而概括說明了激發高度熱忱的回饋方式。一直以來，無論是管理者、教育人士或父母親，他們都很苦惱到底是正面回饋或負面回饋方式，比較具有鼓勵性。芝加哥公牛隊（Chicago Bulls）的喬登（Michael Jordan）因為贏了第一場NBA比賽，激勵他贏了下一場，然後是下一場和下一場。（他是六個冠軍隊成員）。其他人（如邱吉爾、林肯和雷根）則因為早期事業失敗，激勵他們努力達到最高點。所以是哪一種呢？根據范迪克（Dina Van-Dijk）和克魯格（Avraham Kluger）的研究，這取決於人的調節焦點。趨利焦點的人更容易以正面回饋方式激勵，而避害焦點的人正好相反。[10]

第三點，因為這些結果，我們更了解如何以最有效的方式，讓人逐漸產生改革的急迫感。如果我們想以主動做法，而非因應問題方式推動改革，我們一定要製造急迫感。然而關鍵在於改革推動者必須針對不同聽眾，使用不同方式進行。對有些人而言（如趨利焦點類型），用好處引誘特別有效。對其他人來說（如避害焦點類型），避免壞處的渴望特別能誘使他們行動。[11]

關於趨利和避害類型的討論，其中包括一個問題：我們怎麼知道自己比較傾向這個，而非另一個類型呢？以下有個簡單的診斷方式可以拿來測試自己和朋友。原來人類情感經驗的主要特質，根據他們是否為趨利或避害類型而有所差異。趨利型的人生活的世界，一端的特性是幸福和快樂，另一端是傷心或沮喪。他們為了贏而玩；事情順利進行時（也就是他們快要贏的狀態），他們覺得高興和樂觀。反之，沒有獲勝的時候，他們會覺得喪氣和悲觀。

避害型的人生活在一端冷靜、另一端不安的世界。他們為了不要輸而玩；事情進行順利時（也就是他們沒有輸的狀態），他們覺得鬆了一口氣。然而輸的時候，他們覺得焦慮或/和生氣。當然，我們在某些時刻都感受過這些情緒。但問題是，你更依靠那一邊的情緒主軸過活？如果你認為情緒比較容易在快樂和傷心之間波動，而不是在冷靜和不安間變化，你或許比較傾向獲利類型。然而，如果你認為你的情緒比較在冷靜和不安間變化，而不是在快樂和傷心之間波動，那麼你比較傾向避害類型。[12]

我的妻子在我們第一次聊天的時候，無意中顯露了她的調節焦點傾向。我們經由相親安排認識。我打電話給她（那是一九七九年），提議約會的時間地點。我們在電話中展現誠意，互相認識，我問她，「你會怎麼形容自己？」她沒有一絲猶豫，友善地回答我「我會說自己愛玩和容易沮喪。」當天晚上，我未來的妻子其實在告訴我，她是趨利型的人（事情順利時樂觀且愉快，事情不順時感到沮喪）。

關於人表達情緒的方式可能顯露調節焦點，還有一個有趣例子，那就是芝加哥大學經濟學教授海克曼（James J. Heckman）得知獲得諾貝爾經濟學獎時的反應。我要說的故事，正好也提醒我們，我們所做或經歷的事，大致如何以趨利或避害導向運作或感受。如果你得知贏得自己領域中最高榮譽時，你想你會有何反應？我想多數人知道這類消息時，都會經歷興奮或喜悅的趨利焦點情緒。贏得領域中最高榮譽是多數人夢寐以求的事。以調節焦點理論的語言來說，如果這點還不足以充分證明達到理想自我的趨利焦點標準，我不知道還有什麼是。所以海克曼的反應如何呢？想必很正面吧。

事實上，他的反應顯示，他是以避害焦點看待此消息，而不是趨利焦點。他說，「拿到諾貝爾獎，我覺得鬆了一口氣。」

贏得諾貝爾獎鬆了一口氣？怎麼會這樣？原來海克曼得獎的那個年代，他是芝加哥大學九位經濟學得獎者其中一位；其他大學沒有那麼多人贏過這個獎項。記得我們提過與「應該自我」相關的責任和義務，那是避害型的人努力獲得的標準。海克曼說的話證實了這種可能性。提到贏得諾貝爾獎之前的某段生涯時期，海克曼教授說，「我記得有個記者打電話問我，『在芝加哥大學**沒有**拿到諾貝爾獎的心情如何呢？』沒多久我開始覺得很難過」（特別強調）。[13]

測試自己或別人的調節焦點，還有個簡便的判斷方式，即根據正面回饋更適合激發趨利類型的人，負面回饋更適合激發避害類型的事實。思考的問題是：哪一種回饋類型給你更多能量？如果你發現正面回饋比負面回饋讓你更想努力，那麼你可能更偏向趨利焦點。

心理學家為了測試趨利或避害焦點傾向，研發了幾個方法。其中幾個可見附錄C和D。附錄C屬於一般性測量，附錄D（稱為「工作調節焦點」量表）則評估職場常見的趨利或避害焦點傾向。

未來願景

分析變革需求和製造急迫感是前面不等式中「D」的二大基本概念，代表「顯露對事情現況的不滿」。不過高品質過程不能只是指出現實情況有問題；也要告訴大家怎樣做才能更好。而更好的方法是提供願景，也就是描繪未來的動人景象。有關高品質變革過程的願景規劃包含三個部分：（一）確認願景有其必要元素（「所有必備內涵」）；（二）確認大家都了解這個願景（「全體的共識」）；（三）確認大家都接受這個願景（「所有人目標一致」）。

所有必備內涵

要成功推動變革，願景必須明確、可達成和鼓舞人心。願景如果不明確，我們談什麼改革都沒有意義。「可達成」和「很簡單」意思不同——完全天壤之別。最好的願景可以激勵人發揮所長。但如果刺激過頭，人就會陷入絕望和無助的放棄狀態。最後一點，改革需要精力，這方面可由具有激勵或鼓舞作用的願景補足。

願景是提供方向和焦點的特質之一，藉此告訴大家一個更好的選擇。其他特質還包括使命（組織基本宗旨）、策略（組織規劃如何實現願景）和目標（達成多少願景的具體績效指標）。此外，價值觀雖然本質上不代表未來取向（願景才是），但必須說明願景，讓它發揮激勵人心的作用。

願景聲明代表組織的「公眾形象」，非常重要。這類聲明基於明確度、可行性和激勵程度的重要性，差異性很大。在其他條件相同下，越簡短的聲明顯得越明確。舉例來說，吉列公司（Gillette Company）的聲明如下：

> 建立創新的全面品牌價值，提供比同行更快、更好、更完整的客戶價值和管理。所有活動基礎根據支持願景的二大基本原則進行：組織卓越和核心價值。實現願景需要組織各領域和各層面傑出和持續提高的績效。我們的績效基於各業務單位明確扼要的策略聲明，以及所有作業和職責範圍內持續追求卓越而來。追求卓越必須聘請、培養和留住多元化的最優秀人才。為了支持這項任務，各個部門都必須採用各種標準定義其世界級地位，以及進行實踐過程。

相比之下，由管理訓練大師布蘭佳（Ken Blanchard）創立的同名公司，其願景是「成為全世界擁護人類價值的龍頭組織。」基於此精簡長度，布蘭佳的願景，顯得比吉列公司的更清楚。

鼓舞人心的願景聲明，多半超越爭取財務獲利目標，提出獲利自會提升的更遠大宗旨。比方說，杜邦（DuPont）公司的願景是「成為世界最活躍的科技公司，創造永續發展解決方案，提供全球居民更好、更安全和更健康的生活。」讓世界成為更安全和健康的地方是多數人渴望的價值觀。

關於這方面，願景聲明的建構者最為難的是可行性。有時候，未來描述得太過崇高，難以企及。舉例來說，類似福特（Henry Ford）提出的願景「每家車庫都有一輛車」，微軟公司聲稱「人人桌上都有一台使用微軟軟體的個人電腦。」如果員工真的把這樣的聲明當真，他們很可能會覺得無法承受而放棄。當然，福特和微軟的蓋茲（Bill Gates）發出的願景聲明，只是比喻性說法，並非具體事實。在此情形下，員工會利用相關的策略和目標資料，幫助他們判斷雇主的未來願景是否有可行性。

偉大的願景不需要原創性。改革領導者有時浪費太多時間，思考如何建立比競爭同業更獨特的願景。原創性能夠鼓舞人心，但不是唯一的激勵方式。讓我跟你們分享一個個案。我從一九八四年開始在哥倫比亞商學院執教。四年後美國的《商業週刊》（Business Week）首次公布 MBA 課程排名。我們的成績不是很好，排在第十四名。

我們不是很滿意這個結果；不可能有人在商學院走廊歡呼「我們十四名、我們十四名！！」隔年，我們來了一位新院長費爾德伯格（Meyer Feldberg）。他期許哥倫比亞商學院成為卓越商學院（「典型」是其中他最愛用的字），也就是說成為最高學府，符合重要相關人士（學生、招募機構和學校管理單位）關切的各個面向要求。成為最高學府；這多有原創性呢？不是很高。畢竟所有最好的商學院都競相角逐名校之列。不過多有鼓勵性呢？非常高。費爾德伯格和其繼任院長哈伯德（Glenn Hubbard）都成功地證明，我們在力所能及的範圍內，能夠達到比從前更好的地位。

說到底，哥倫比亞商學院目前排名如何呢？《商業週刊》從第一次排名至今已過了二十五年。這裡我提供一些鐵掙掙的數據資料和柔性的傳聞證據說明。自《商業週刊》的首創意見調查以來，其他媒體也陸續加入評分行列，例如《金融時報》和《美國新聞與世界報導》（US News and World Report）。商業教育課程排名儼然進入類似棉花產業的競爭狀態。哥倫比亞商學院一般在各種調查中位居前十名，而二〇一二年早期整體排名位居第五名（綜合各式各樣的民意調查）。成績還不差。那麼柔性證據呢？以我身為資深教員的角度來看，我們也確實提供學生更多的好課程。我們一步步邁向歷屆和現任院長鼓舞人心（但不見得是原創）的願景目標。

全體的共識

所有人必須理解願景。雖然這多半取決於願景是否立意充分，也就是清不清楚，但溝通願景的方式也是關鍵。打個比方來說，改革實施問卷調查表的第六項：「在改革工作的過程中，我不斷提醒大家共有的願景。」關鍵字是「提醒。」人經過不斷的提醒，會逐漸提高願景在心中的地位。由改革推動者來看，可能會覺得提醒員工共同願景這件事有點煩，但他們還是需要經常提出來。有個辦法可以讓願景傳遞更有趣一點（無論對傳達者或接受方而言），那就是在不同地方表達同樣的訊息，例如年報、月訊、員工大會，以及員工與直屬上司更非正式的會面機會。溝通願景必須朝雙向進行。員工要充分理解公司未來的方向，同時也必須能夠提出相關的問題。

前往共同方向

就理解層面而言，全體產生共識是個必要條件，但不足以確保他們會主動投入實現願景。**人人理解願景和人人主動投入願景，其中有微妙的差異**，正如這個難題：「無知和無感有何差別？」答案是「我不知道，我不在乎。」因此理解和投入的差異是：缺乏共同理解（不在同一個頻道）代表無知，而缺乏共同投入（無法朝同一個目標前進）

反映無感。同樣地，大家一條心投入的程度，必須依據如何管理願景或設定目標活動而定。為了讓員工認同其願景，必須做到三件事：

（一）改革推動者必須告知員工，願景實現對他們有何益處；

（二）假設大家了解了對自己的好處，接著改革推動者應該讓員工參與建立實施計畫的過程，也就是了解實施的人、事、時、地和方法等細節；

以及（三）**實施過程中**，改革推動者必須提醒員工，他們所做的事和做得好壞與否，都和實現願景有直接的關係。最後這一點要說明的是，為了實現願景，光是強調員工的益處還不夠；同時要強調如果表現傑出，願景實現時他們會有什麼收穫。

因此，改革推動者必須成為「各點連接人。」一方面員工有推動改革的必要工作。另一方面，改革必須賦予更崇高的目標，發揮鼓舞人心的功能。連接各點的改革推動者，必須幫助大家看到他們的工作如何直接影響改革的偉大目標。連接人角色的最佳示範非艾詩（Mary Kay Ash）莫屬，她是玫琳凱公司（Mary Kay Cosmetics）創辦人。如果你想請外面的人描述玫琳凱公司的目標，最簡單的答案是化妝品銷售事業。但內部人員可不是這麼想。艾詩曾公開表示，成立公司的宗旨是幫助女人成為上帝想要他們成為的美麗生物。假設你是這家公司員工，並且相信艾詩賦予公司的使命。你會純粹覺得自己只是在銷售化妝品嗎？如果不是，那麼你會怎麼定義你的工作呢？我猜如果你相信艾詩的理念，你不會只把銷售化妝品當成一份工作，而是當成神聖的任務。簡單來說，變革管理者的挑戰和機會，不只是打造令人嚮往的願景，更是要提醒員工本身和實現願景之間的互惠關係：員工若是發現實現願景的收穫具有個人意義，他們也應該很清楚自己為何是實現願景的重要角色。

過程：從這裡到那裡

表露對現狀的不滿（D）和拿出誘人的未來願景作為更好選擇（V），都是改變的必要條件，但是不是充分條件。從不滿A點到取得更好的B點，這樣的過程不會自動發生。改革推動者還要做到很多事，讓員工投入和支援改革工作。這些要素都規劃在吉克管理變革的《十誡》裡：（一）協助擺脫過去；（二）建立強而有力的領導地位；（三）募集政治和社會資金；（四）打造實施計畫；（五）建立參與和分工結構；（六）監督和修正；（七）溝通、投入和坦誠。[14]再提醒一次，別期望自己專精於所有要件；

改革管理的P部分（過程）必須仰賴高品質的集體合作完成。我會按照改革實施意見調查表的項目一一說明這幾個要素，提供管理者力圖改革的實戰經驗，以及研究觀察的成果。

協助擺脫過去

人類難以擺脫過去的原因，其中因素不外乎是他們以為，改變代表他們之前的努力不夠或是無用。人如果逐漸習慣做某些事，或是用某種方式做事，這些事就會變成自身的一部分。舉個例子來說，如果查理素以「排難解憂的人」著稱，善於使用某種技巧完成工作，但現在組織引進了另一種新技術取代，查理不再是這方面的專家，於是引進新技術這件事讓查理陷入某種認同危機。又或者，湯姆多年來主要負責戰略計畫的發展過程，這時組織突然要換成另一種執行過程，他可能會有寶貝要被搶走的感覺。如果再加上處理轉換過程的方式有問題，他可能不只覺得寶貝被搶走了，甚至還會認為組織的意思是他的寶貝有瑕疵。

總之，人類可能認為改變代表之前的努力不再有用（不然組織為何要求改變），因此有被否決和羞辱的感覺。不過，只因為他們**也許會**覺得被否定和羞辱，不代表他們**肯定會**這麼感覺。一切都要看過程如何處理。改革實施調查表第十項直接說明這一點：「宣布必須改變目前業務時，我對於過去表現優秀的業務表示敬意。」

人一旦認為過去的做法贏得尊重，就比較容易揮別過去。尤其是和自身認同感息息相關的業務更是如此，例如長久以來做得很好的事，或是他們針對發展有發言權的事。表達對舊有事物的敬意，進而鼓勵人擁抱新事物的最好辦法是進行儀式。

比方說，假設有一位負責廠房的中級主管，正要同時展開幾項改革任務（裁員、遷移和使用新技術）。受命於高階主管的指示，他們沒有時間停留在過去；團隊必須「繼續前進」。然而，儘管她很努力，員工還是無法往前跟進。他們陷入一片迷惘，如同人沈溺於悲傷時的狀態。於是這位主管決定，與其更積極敦促員工前進，得到必定徒勞無功的結果，她要換個更聰明的做法。她召集團隊全體人員開會（約有十二人），請他們以紙筆方式，表達對於組織目前進行大變動的感想。他們可以自由發表意見：他們的希望、恐懼和想像，也就是針對改變產生的想法或感受。主管以一對一方式，在會議桌上輪流要求他們唸出所寫的內容。發洩時間結束以後，團隊花了近一個小時的時間，討論與改革意見相關的共同主題。管理者接著收集所有書面意見，放進盒子裡，帶領成員到工廠旁邊的空地上。他們一起把盒子埋起來；為了紀念舊組織，辦了一場特別的葬禮。結束午餐回到工作崗位時，團隊彷彿有一種撥雲見日的感覺。僅僅幾個小時，他們的心理完全得到解放，可以按照上級主管的方式繼續前進了。

我的意思不是說，變革管理者設法讓人擺脫過去時，都必須使用這名主管的特殊儀式；你可能覺得這方法太「肉麻」或「感情用事。」我建議的是改革推動者考慮使用**某種**儀式。有趣的是，藉由認可轉變的方式，儀式進而**促成**轉變。我們在個人生活上欣然承認這件事。儀式經常伴隨改變人生事件並非偶然。我們有出生儀式、堅信禮、猶太男女成年受戒禮、畢業典禮、婚禮和葬禮。以儀式形式承認改變，我們不知何故比較容易接受改變。

比方說，葬禮是**關於**死者的事，但其實是**為了**活著的人舉辦，目的是幫助他們面對失去這個人的事實。如果我們在私人生活經歷變動的時刻，認可儀式的價值，那麼改革推動者也可在組織經歷變動時，多利用儀式幫助人擺脫過去。

建立強而有力的領導地位

心理學家一直對影響人行為改變的過程很好奇。行為學家如斯金納（B. F. Skinner）等人認為這一切和結果息息相關。如果改變有好處，我們更容易做出改變。[15]

舉例來說，如果改變涉及更加相互依存的工作，也就是比過去更需要以合作的方式進行，那麼獎勵制度也必須基於集體表現成績，而不是個人或某單位。在一篇適巧題為〈期待A，鼓勵B的愚行〉（On the Folly of Rewarding A While Hoping for B）的經典管理文章中，科爾（Steven Kerr）認為組織經常建立錯誤的獎勵制度。[16]不過社會學習理論家班度拉（Albert Bandura）等人卻提出，人不見得要經歷結果才改變行為，也可能經由觀察別人的示範行為學習新事物。[17]

其實這兩種過程並不互相抵觸。正如科特和海斯科特（James Heskett）所說，強有力的領導者可以兼顧彼此。改革實施意見調查表的幾個項目可以說明這一點。其中有兩項（十二和十四項）提及示範如何推動改變。第十二項是「推動改革時，我「說到做到」」；也就是說，我示範必須採取的新作為。」以這個例子來看，是改革推動者本身帶頭做榜樣。

費爾德伯格接任哥倫比亞商學院院長時，他提出不是很原創、但足以激勵人心的願景，希望哥大商學院成為卓越的機構。他知道學校需要大筆募款。實際上他接任的那年，正好學院被要求在學校年度募款活動中捐錢。一些新進同事覺得這樣的要求有點奇怪；有人認為這樣的要求等於像被迫減薪，因為他等於被要求還一些薪水給雇主一樣。他們本來一直很難決定要不要捐款，後來發現院長自掏腰包捐了數千塊支持募款，「說到做到」的精神太有說服力，他們很自然而然就決定捐款了。

第十四項是「我積極宣傳支持改革工作者的活動。」以這個例子來說，改革推動者特別聚焦在做好事情（改革相關工作）的人身上，讓他們成為所有人可以學習的楷模。因此，如果改革需要大家與其他部門的人密切配合，這樣的人更應該被提出來讓他人效法。比方說，在哥大商學院的校務會議上，院長按照慣例會討論某些同事的做事方式，引領我們朝向卓越的方向前進，同時感謝他們的貢獻。這是雙贏做法：被感謝的人很高興他們的傑出表現受到肯定，而其他人也得到清楚的概念，知道怎麼做能幫助機構走向更好的方向。

到目前為止，我都在談正面榜樣如何對相關人士發揮示範功能，進而推動改革。但我們也可以藉由觀察示範**不要**這麼做的負面榜樣，學習新事物。在哥大商學院的主管領導培訓計畫中，我們使用腦力激盪練習（俗稱「生命線」計畫）。參與者必須形容自己的領導風格，並且說明他們某些生命經驗，如何可能影響這樣的風格形成。他們選擇用來說明的生活經驗，有些可能來自職場外（比方說經常提到家人互動，如避免衝突型的主管，在青少年時期經常處於設法調停父母激烈衝突的狀態），或者是職場的經驗。他們最常談到楷模的重要性。我注意到有些參與者選擇談及正面榜樣的影響，例如對他們表示信心，或是幫助他們發表自己意見的老闆。其他人則談到負面榜樣如何提醒他們不要做什麼事，例如事必躬親的老闆，隨時都在緊盯著每個人。有些參與者提到正面楷模，也有人提出負面榜樣，這樣的事實引發幾個有趣的問題：是不是有些人容易受正面楷模影響，有些人傾向觀察負面榜樣自省？如果是這樣，這二種人有何不同呢？

洛克伍德（Penelope Lockwood）、喬登（Charles Jordan）和康妲（Ziva Kunda）的一連串研究直接回答了這些問題。他們發現正面榜樣對於趨利型的人更有激勵作用，而負面榜樣則是對避害型的人有激勵作用。在一項研究中，參與者完成了附錄C的調節焦點量表。接著他們必須簡短以紙筆說明如何被榜樣影響。所有人都可以選擇敘述如何被正面榜樣影響（「你也許發現別人的成功很有激勵作用，因為你發現對方很善於從事某個你很關切的活動，這讓你希望自己在那件事情上，也可以做得跟他一樣好，進而激勵你更加努力追求完美」），或是如何被負面榜樣影響（「你也許發現某人的失敗很有激勵作用，因為你發現那個人在你在意的活動方面，表現真的很差，你很擔心自己也可能會在那方面表現不好，進而激勵你更加努力避免犯錯」）。雖然參與者通常選擇描述受到正面楷模影響，而不是負面榜樣，但是趨利型的人比起避害型的人更是明顯。因此思考這二種影響領導風格的榜樣時，趨利型的人比起避害型的人，更容易想起正面榜樣。

洛克伍德和其同事也發現，誘使人進入趨利或避害傾向狀態的細微線索，也會影響正面或負面榜樣的激勵作用。他們這次的研究對象是大學生，參與者必須將三十六個詞彙歸納至三種類別。三十六個詞彙中，有二十四個是填補詞，和烹飪與孩童有關。半數參與者認為其餘的十二個字和趨利有關：努力、尋找、追尋、獲得、贏取、成功、抱負、成就、繁榮、勝利、完成和野心。而其他半數認為，其餘的十二個字和避害有關：避免、預防、避開、拒絕、錯誤、徹底搞砸、掙扎、不合格、打敗、受挫、倒退和失敗。因為這個研究據說和畢業後的「生活轉換」有關，所有參與者都必須讀一段他們學校近期畢業生寫的文章。

有些參與者閱讀的短文說明作者是正面楷模：「我剛發現自己得到研究所的一大筆獎學金。有二家大公司也提供我不錯的職缺。目前我對自己的生活非常滿意。我覺得自己知道要去哪裡，以及想要什麼。我從未想過未來如此讓人驚喜。」其他參與者讀的短文描寫負面榜樣的作者：「我還沒辦法找到好工作。我多半時間都在速食餐廳上班，做一些很無聊的事情。我不確定現在的我要走向何方。我沒有錢回學校唸書，也無法找到好工作。這不是現階段我期望的生活。」第三組參與者則不讀任何短文（控制組）。

所有參與者接著完成一項學業動機評量，指出他們同意以下敘述的程度，例如「我打算花更多時間在課業上。」如預期的結果，趨利型的人，比起讀過負面榜樣文章的趨利型或是控制組的人，更容易受到正面楷模的激勵。避害型的人，比起讀過正面榜樣短文或控制組的人，更容易得到負面榜樣的激勵。換句話說，接觸「目標一致」的榜樣（趨利型是正面，避害型的人是負面），對於參與者的動機有正面效果。

更有趣的是，這項特別研究顯示，接觸「目標不一致」的楷模（趨利型的人接觸負面楷模，以及避害型的人接觸正面楷模），非但沒有半點激勵作用，或甚至沒作用；事實上還會讓人失去動力。趨利型的人讀了負面榜樣的短文，比起控制組的趨利型（未接觸任何榜樣）還缺乏動機，而避害型的人，讀了正面榜樣的文章，比起控制組的避害型人還缺乏動機。[19] 針對目標不一致的榜樣，參與者的反應還帶有一種提醒作用，也就是推動高品質的改革管理過程，必須依照不同的觀眾量身訂做。如果改革推動者沒有考慮到受影響員工的心理狀態，那麼他們遵守的有利規則，這裡的例子是讓員工接觸榜樣激勵改革，可能無法奏效，甚至實際造成反作用。

強有力的領導者不只會拿自己或他人做榜樣，為改變鋪路；他們也會善用獎勵激勵改革。激勵改革的獎勵可能是外在的，如同之前舉例，設法推動更多合作和小組工作的組織，員工獎金根據集體表現，而不是各自分支單位的表現。獎勵改革的獎賞也可能是內在的，改革必要的新作為本身就是獎勵的形式。比方說，如懷特（Robert White）在提及「效能」動機的經典文章中指出，內在動機最重要的基礎是勝任感。[20]不過問題是，員工因應改革進行新業務時，他們通常根本不覺得勝任，至少從短期看來。

既然員工喜歡有成就感，既然他們在組織改革初期沒有勝任感，那麼改革推動者就可想些辦法，確保轉換過程進行順利。如改革實施意見調查表第十三項說明：「在改革過程中，我盡力確保大家至少進行一些可能會成功的任務。」高品質改革過程給人機會至少體驗**某種**勝任的感覺，這是改革過程的重要條件。在阿瑪泊和克萊默的名著《進步定律》中，他們提到員工主要的動力，源自於他們是否相信自己在職場的某個重要活動中有所提升。進步和相關的勝任感不必過份誇張。但必須可以察覺到，必須是自己在乎的領域。

為了找出職場上有些團體蓬勃發展、有些則不然的原因，阿瑪泊和克萊默進行了一項野心勃勃、讓人佩服的嘗試，他們在連續四個月的**每個工作天**，觀察一群來自各行各業的人，共計二百五十位。這項研究檢視員工「內在工作生活」和不同表現指標之間的關係，包含創造力、生產力、熱誠和同事愛。內在工作生活結合員工對工作環境（例如主管接受新想法的程度）、情感（如挫折、幸福感），以及動機（例如他們本質上對工作多有興趣）的感知。結果證實，人在體驗更正向的內在工作生活時，所有的表現評量都反應得更好。透過說明，作者提出，「內在工作生活過得好，人更可能專注於工作本身，更熱切投入團隊計畫，以及更堅持完成偉大事業的目標。」人是否體驗正面的內在工作生活，最大的關鍵在於他們知道自己**正在進步**。[21]

改革期間確定某種進步形式尤其重要，原因至少有二個。

第一，改革往往要求別人做出和過去截然不同的事。有挑戰固然很好，但不是挑戰遙不可及的目標。如果在採取新作為時，能夠體會**些許**進步的感受，這種勝任的確定感也許正是支持他們堅持下去的力量。多數人在改革路上很難放手勇往直前；更貼切的說法是他們害怕失敗。然而，他們或許較願意踏出一小步。敏銳的改革推動者給予這些移動一小步的空間。

第二，即便改革不要求大家嘗試任何新事物，光是進行改革的整體氛圍就會讓人感到非常有壓力。改變威脅到人的權力、地位和控制意識。進步或許具有強大的力量，在各方面抵銷伴隨改變而來的壓力。首先，努力進步的過程能夠發揮強大的轉移作用。如果你專注於偉大任務的進展，就不太可能整天沈浸在不悅的情境中。但是進步的正面效應，也許不單是因為轉移了注意力。進步是壓力最佳解藥的第二個理由是，其中的效率和控制感取代了自我威脅感。

阿瑪泊和克萊默的研究提供了特別有說服力的例子，可以說明進步如何幫助員工處理改變帶來的壓力。有個小組受命在八天內完成一項計畫，這計畫會幫助公司避開可能進行的昂貴訴訟。不巧的是，這八天正好遇上國定假日，因此有很多人原本打算要休假。再加上過去幾週、幾個月以來，他們親眼看到公司不斷在裁員。說實話，**即使**他們計畫做得很成功，也無法擔保他們能抱住飯碗。但是他們還是繼續堅持下去，這一切都因為一個信念——他們進行的是非常有意義的任務。一名小組成員在六週以前，組織還把她當作棄婦一樣，她寫到，「現在我們整個辦公室又像真正的團隊一樣運作。我們都忘了眼前的艱難處境，全都分秒必爭地想盡力完成這個偉大任務。我已經在這裡工作了近十五個小時，但這些日子是我這幾個月以來最愉快的時光！！」[22]

最後小組計畫大獲成功，幫組織省下一億四千五百萬美元。但這不是重點。重點是他們為期八天的計畫進行**期間**，因為這份進步的認知，他們彼此願意投入這麼長的時間工作，而那個時間他們原本應該在度假中，而且公司還不保證他們能保住飯碗。

總之，阿瑪泊和克萊默的進步原則，有助於解釋為何改革推動者必須確保員工「至少進行一些有可能成功的任務。」進一步來說，點燃自發性動機的進步體驗，（一）不能來得太容易，（二）必須看成有意義。如果成功來得太容易，可能就不覺得珍貴。我的孩子在很小的時候和我下過棋。有時候我會讓他們贏，但不能做得太明顯，要不然他們會猜到自己沒有贏，只是我「故意」讓他們贏而已。改革推動者在設法製造成功經驗時，必須找到最佳點，也就是容易成功、但又沒那麼容易讓成功沒有價值的活動。

讓我們回到之前的例子，一家公司為了打破內部壁壘，促成不同子部門之間的大團結，高階主管聚集各部門人員，共同舉辦一次外部會議。他們認為如果各部門的人彼此交流，進行一些和工作無關的團隊社交活動，他們會開始表現得像一個整體團隊。

如同他們在外部會議進行的活動一樣重要的是，不同小組合力**策劃**外部會議這個事實，就足以促進彼此的團結。外部會議不見得能完全達到團結的目的，但絕對有幫助。不同的團體各自踏出一小步，前往更一致的方向。共同規劃一個建設性的外部會議是最佳點。要不然，事情就沒那麼容易了；在共同規劃外部會議之前（由高階主管協助進行），各部門原本很難為彼此挪出一個共同時間。

合作規劃外部會議也清除了一個意義上的屏障。這些之前各自為政的小組，如今能為了彼此互惠的**某件事**共同合作，可謂意義重大。讓活動變得有意義有很多方式，但多數都是為了某個理想或在乎的人進行有價值的事。順利合作規劃外部會議，是彼此發展良好關係的過程中一個重要環節。

但是我不認為，改革推動者只要選擇成功具有意義，並且可望達成（但不可以太容易達成）的「正確」任務，就萬事大吉了。他們能夠並且應該做一些其他事來取得進展，例如協助獲得必要資源、盡量減少可能的障礙和促進人際交流。我們再回顧一下為期八天的工作團隊案例，他們幫公司順利避開官司訴訟、省下一億四千五百萬美元，當時高層主管曾向團隊成員保證，他們投入這項特別計畫時，不必擔心其他手邊正在進行的重要工作。雖然高層單位欠缺運作此計畫的專才，但他們和現場的工作團隊並肩作戰，甚至提供進口的礦泉水和披薩。高層主管親臨現場，並且供應水和食物都具有很重要的象徵意義。這些步驟加起來讓小組成員更堅信自己的任務非常重要，而且主管對他們英勇的表現很滿意。[23] 總括來說，事情不單是改革推動者選擇有成功可能性的任務，然後把它完成那麼簡單。

最後一點，儘管過程是重要推手，也要注意協助設定過程中切合實際的期望。一般人不會每天在新作為上有所長進。這不是代表行為改變（或進展）不是漸進的，而是說不是**連續式**漸進。在很多情況下都是「向前二步、後退一步」的過程。只要前進的腳步比後退多，就是所謂的進展。人生總有起有落（希望後者少一點）。重要的是人在行走中，眼睛要張大看見可能性。如果他們一直處於錯誤的假設，以為進展會連續發生，他們在事情難免不順時就會感到挫折。相反地，如果他們認為進展過程中後退如前進般正常，那麼他們可能會比較有彈性，進而準備往前踏出更多步伐。

有個很好的例子可以說明設定進步本質的期望。那是我在哥大商學院協助進行主管領導培養課程的結論。當課程即將結束，我們要求參加者確認需要改變領導風格中的少數行為。我們在當下提醒他們，不要期望改變會連續發生，他們可能在某些時候有些進展，而有些時候不會。我們告知三個月之後會聯絡他們確定進度。他們到時候應適當地判斷三個月期間自己的平均表現。也就是說，他們要以整體來看，而不是以每日計算，相較於課程前他們的情況，經過了三個月的訓練，他們的行為有顯著改變。

募集政治和社會資金

我們常常被別人的想法、感受和行為影響。阿希（Solomon Asch）所做的研究是這種傾向的最極端例子，他拿普林斯頓大學生實驗從眾效應。這個實驗以五人為一組在圓桌進行，學生被引導相信自己進行的是視覺感知研究。看著圖3.1的資料，他們得回答圖表上的三條線（A，B，C），那一條和目標線一樣長。這是很簡單的問題，沒有任何陷阱；參與者可以清楚地看到正確答案是C線。圍坐的五人當中，只有一個人是真正的實驗對象。其他四人是共謀者，也就是阿希的工作夥伴，不過實際參與者並不知情。這個練習經過刻意安排，由四位共謀者在實際參與者被要求表達意見前，一一先表示自己的意見。每位共謀者輪流大聲說出自己認為的正確答案是A。你可以想像實際參與者會有多震撼，明明他自己的眼睛告訴他，正確答案是C。你認為在這種情況下，事情會如何演變？有多少比例的人會順從群眾說出A的答案？有多少比例會順從自己親眼所見，說出答案是C？

圖 3.1／阿希的從眾效應研究

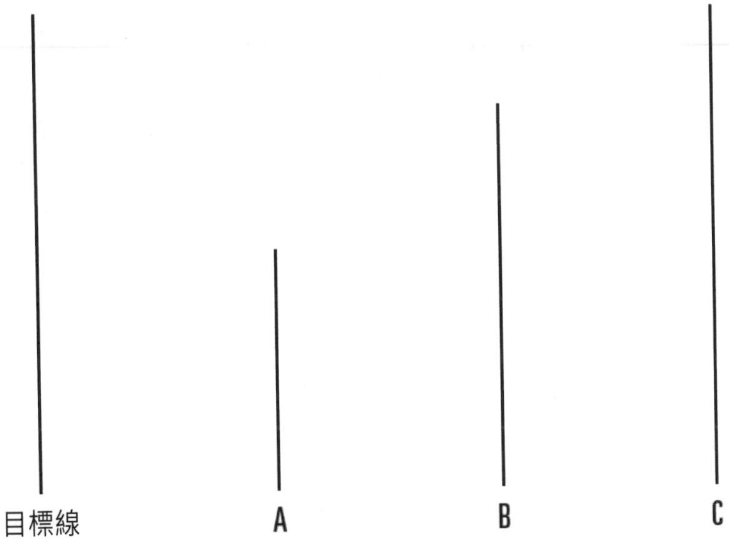

參與者被要求指出三條線（A、B、C），哪一條和「目標線」一樣長？

讀者中擁有堅定意志的人也許認為，多數人會相信自己的眼睛，而不是順從群眾。然而實驗結果僅有百分之六十的人回答正確。接近百分之四十的參與者給了一個他們明知是錯誤的答案，幾乎都選其他人選的答案：A線。（非常少數人〔約百分之五〕選擇B。這就好像他們說服自己，「我知道答案是C，所以我要折衷選B。」[24]

如果大家都會附和其他人明顯錯誤的意見，你可以想見有多少人在正確答案更不確定的時候，多容易受他人影響。事實上，社會心理學家如費斯廷格（Leon Festinger）等都認為，人在不確定的情況下更容易受社會影響。員工面對組織改革的情況非常不安。幾乎沒有答案的問題形成「八卦效應」，員工會私下聚集將事情合理化。舉例來說，假設即將要裁員，員工最想知道的是發生的原因、時間、誰會走，誰會留，以及裁員之後的狀況。根據我和同事的一項研究發現，影響倖存員工組織忠誠度的決定因素，取決於他們對於其他倖存同事忠誠度的看法。相信倖存同事很忠誠的員工（無論正確與否），相較於認為倖存同事幾乎對公司死心的人，更願意為組織賣命工作。[26]

組織改革增加不安感，加上面對不確定時人特別容易受影響的事實，顯示高品質改革過程是操弄社會影響力的過程。這有點類似往下坡滾動的雪球。如果讓有些人早點參與改革，那麼其他人更可能跟進；不用多久你就可以凝聚改革的社會力量。我們之前討論過如何成為改革榜樣時（或呼籲大家注意做到的人）提過這個重點。接下來我們要討論的內容顯示，人必須注意自己把誰當成榜樣，除了利用自己或別人當榜樣，還有很多方式可以凝聚社會改革力。

群體中總有某些人的意見和行動，比起其他人更有影響力；較有影響力的人稱為「意見領袖。」我們自然會根據階級制度的位置認定意見領袖。這點固然沒錯，但是組織圖表中的位階，不是決定他們成為意見領袖的唯一指標。他們的個人特質，尤其是**可信度**更是關鍵因素。可信度的二大要件是專業和值得信賴程度。我們跟隨的領導者（一）知道自己在說什麼，並且（二）表明以我們的最佳利益為主要考量，或是重視個人誠信。

情境因素也會影響人成為意見領袖的可能性。你也許聽過這個說法，房地產業的三大重點是地點、地點，還是地點。同樣地，在交際網絡中，人的位置影響他們成為意見領袖的可能性；他們越接近核心位置，越可能成為意見領袖。比方說大聯盟棒球員的球場位置，如果處於最緊張的狀態（如捕手），那麼他們比起位置在外野方向的球員，更有機會在職業生涯結束後，轉換跑道成為球隊經理。如下頁圖3.2所示的交際網絡中，佔有C位置的人最有可能變成意見領袖。[27] 甚至有證據顯示，辦公室在洗手間旁邊的人更可能變成意見領袖。因為接近洗手間的員工，平時更有機會看見同事經過，因而更有機會發展人際關係。當然，有機會和很多人建立關係，也無法保證可以成為意見領袖。比方說，個人信用很低的人，即使位置剛好在洗手間旁邊，也不見得肯定會成為意見領袖。不管怎麼說，想要凝聚社會改革力，首先你必須知道誰是意見領袖。了解他們呈現的各種形式和規模，有時是個人特質如可信度造成，有時是情勢所趨，如辦公室位置。

圖 3.2／交際網絡的位置如何影響領導力

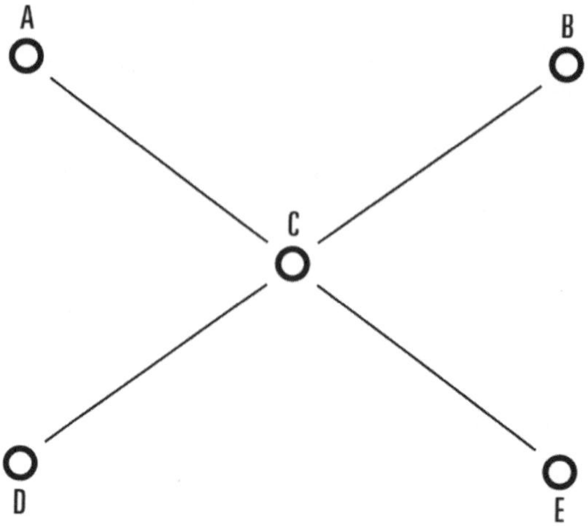

每個字母代表一個人。實線代表存在直接溝通。因此在這個網絡中，C 這個人和別人都可直接溝通，但其他人只能個別和 C 直接溝通。

找到意見領袖以後，你需要理解他們的立場。他們是贊同你，反對你，或是處於觀望狀態？改革實施意見調查表第十五項說明這個評估的必要性：「我發現關鍵人物對於改革的看法，也就是他們可能贊成或反對。」如果他們反對你或處於觀望立場，你必須設法拉攏他們。請看意見調查表的第十八項：「我特別重視『意見領袖』，爭取他們對改革工作的支持。」或許試著用不同方式問他們，為何反對你或持有觀望態度。（「你可以稍微跟我透露一下嗎？」或是「請幫助我了解你的背景。」）套句談判專家的行話，看看你能否將對話由他們不支持的立場，引導至他們的潛在利益，也就是他們不支持你的理由。如果你不知道他們為何反對你，就沒有機會拉攏他們。比方說，他們也許因為不相信改革而不想支持你；這跟成果有關。如果是這樣，進一步追究他們不相信的真正原因。又或者他們可能因為不喜歡推行改革的方式不想支持你；這和過程有關。同樣地，我們要決定他們不高興的是那些過程因素，看看你能否解決他們的疑慮。處理意見領袖需要投注很多時間精力。然而，所有努力都很值得：一旦意見領袖支持你的改革，他們會幫忙傳播福音。同理可證，如果他們不支持，也很有能力阻擋你前進。

最後一點，一旦意見領袖和你站在同一陣線上，要馬上宣布他們的支持。這些在想要影響的人眼中非常可靠的人，想要獲得他們的公開支持，需要走一段很長遠的路。幾年前我親眼看到這個原則付諸實現，當時我試圖說服哥大商學院同事，聘請從另外一所大學來的教授。理所當然地，他們要求我解釋我認為可行的理由。評鑑大學系所有三大面向，分別是教學、研究和服務。因此我將自己的意見彙整成深具說服力的報告。

首先，我提出證據，說明這個人在課堂上能言善道。接著我塞給他們這個人滿滿的研究記錄；他著作等身，重要期刊皆有他的文章，發表主題既有趣又有重要性。接著我進一步形容他對學校和專業整體上令人佩服的貢獻。我的同事對這點頗感興趣，但這件事真正拍板定案的原因是，我告訴他們最近史丹福大學提供他教職一事。哥大同事一聽到史丹福要他，他們就更想要了。為什麼？我相信那是因為在我同事眼中那些值得信賴的人（史丹福大學）支持了我的觀點。我很高興告訴讀者，現在我講的這個人已是我們系上待了十多年的同事。

打造實施計畫

為了確保計畫維持與願景的關連性，管理者必須定期和員工廣泛討論計畫的概念。不過要讓計畫可行，也需要討論具體的執行方向，也就是包括人、事、地點、時間和方法的細節項目。舉例來說，就廣泛的成長計畫部分，擁有超過一百家當地商店的私人零售商，最近不再遵守之前由企業總部制訂主要策略時決定的商業模式，並且將商店執行部分外包。體認到店經理和其同事更接近當地的顧客，零售商總裁和其高層主管選擇讓出更多的決定權給各家的店經理，基本上鼓勵他們將自己視為商店的總裁。當然，高層人員說要授權給組織較低階層是一回事。而實際執行授權是另一回事。舉例來說，商店的個別規劃不是由高層管理單位發起，而是讓店經理發展屬於自己的商業計畫，呈報給管理階層，由此形成兩方健康的施與受關係。此外，一旦店經理和高層主管取得個別商業規劃的共識，高層主管立即要扮演很重要的角色，一方面協助店經理取得完成商業計畫的所需資源，另一方面要排除計畫進行可能的阻礙。如同坎特（Rosabeth Moss Kanter）所言，委任決策權不代表退位。在授權組織較低階層的同時，高層主管也繼續扮演很重要的角色，只不過和以往的指令——控制型不同而已。

打造實施計畫還需要記住幾個重點。首先，這樣的計畫不會剛好發生；必須投入大量資源如人力和時間。例如零售商要成立指導委員會，目的在於規劃清楚、易懂和可達成的實施計畫。第二，發展清楚、易懂和可達成的實施計畫所需資料，一般都放在組織的各個部門。因此零售商的指導委員會由各個部門和領域的人組成。改革實施意見調查表第十九項正好表達這個想法的精神：「為了打造計畫，我聽取各方意見，找出完美執行計畫的方法。」指導委員會的所有成員，輪流做幾件事確認他們對計畫的看法來自代表的對象，例如組成焦點團隊和定期舉辦員工大會。藉由各個群體的參與，指導委員會成員在實施計畫過程中提出的意見，不只能命中目標，還能說服那些最終負責執行計畫的人。打造實施計畫費時費力，但畢竟很值得。俗話說得好，如果你做不了計畫，就計畫失敗吧。

建立鼓勵和支援結構

「結構」說的是正式組織編制，例如挑選、訓練、獎勵和表揚的政策、計畫和制度；「結構」也代表組織編制方式，也就是區分和整合團體的依據。重點是確保改革工作的願景／策略和不同結構要件的一致性。由於實施計畫是**展開**改革工作的指導原則，必須有適當的結構**支撐**。為了謹守高品質過程激勵和支援員工的口號，結構必須激勵人前往新的方向，以及提供實現的知識和技巧。

比方說，賦予店經理更多決策權的零售商，改變獎勵制度，以期鼓勵行為改變。實施改革前，店經理的薪水大多是固定薪資；但根據商店的業績表現，他們也可以多賺一點錢。新的計薪制度讓事情幡然改變：現在多數的店經理根據商店業績支薪，只有少部分維持固定薪資。零售商也不遺餘力讓店經理改變行為。例如，所有人要參與嚴苛的各種訓練計畫，用意不只在加強他們的領導和決策能力，還要加強他們在經營自家商店所需的功能領域（如財務、行銷和會計）能力。

支持改革的鼓勵和支援結構，具有實質和象徵的意義。舉例來說，零售商藉由改變管理者獎勵制度給予大量支持，以期鼓勵改變行為，並且經由訓練和培養機制加強主管技能，進而造成行為改變。同樣重要的是，獎勵制度改變和展開訓練計畫有一個重要的象徵意涵：二者都反映了零售商下定決心，希望店經理成功改革換面。一名店經理告訴我，除了改革獎勵制度的影響以外，組織真心支持他們勝任新角色本身，就是最重要的鼓勵。注意結構改變的象徵性價值非常重要，可見改革實施意見調查表的第二十二項：「我說明支援結構的改革事項如何象徵改革預期的方向。」

監督和修正

改革過程即使經過精心的設計，也可能發生難以預料的結果。因此，與其展開改革並希望得到最好結果，聰明的改革推動者「預期出乎意料的事。」他們主動監督改革的進展，不怕根據狀況做適當的調整。這種健康的進行方式反映在改革實施意見調查表的第三十項：「我根據收集到的改革工作回饋做適當調整。」授權零售商主要根據各自商店的表現，改變店經理的薪資結構，他們發現新的獎勵制度正在產生非預期的負面結果：店經理漸漸變得短視。他們不考慮集體表現，幾乎只關心他們自己店裡的表現。零售商決定進一步調整獎勵制度，讓店經理覺得值得不只關心自己店裡的業績，也要關心他們區域內的其他商店，甚至公司整體的業績。

即使在致力監督和修正會議中，大家所坐的位置也會造成巨大影響。會議一般都在房間進行，由小組成員加上前方一位主持人組成。然而，有些團體會站著開會，而不是坐在椅子上圍著桌子進行。二〇一三年末，為了挽救失敗的《平價醫療法案》（Affordable Health Care Act）而召開的會議就是一例。被稱為「歐巴馬健保」的法案，在眾多爭議下大張旗鼓地推出。但是這個為了減輕數百萬美國人民的醫療負擔設計的法案，在人民必須用來申請的網頁當機時，遇上重大阻礙。為此他們請來 Google 的網站運維工程師迪克森（Mikey Dickerson）帶領團隊負責解決問題。

根據《時代》雜誌報導，危機解除的關鍵在於迪克森的「站立會議。」在站立會議中，大家不是坐著開會，而是站著討論問題。迪克森自始至終和團隊進行站立會議。為了刺激工作效率，他提出三個規則：（一）站立會議的目的是解決問題。他提到，「還有很多人在其他地方為了轉移指責想盡各種辦法。」（二）講話的人應該是最有知識，但不見得是職位最高的人。（三）最大的焦點應該擺在最緊急的事情上，也就是接下來二十四或四十八小時內可能會發生的問題。[29]

迪克森團隊的成功故事，成為比較坐著和站立進行會議的研究證據。最有知識的人應該最有發言權的迪克森規則，用意在於將最有用的資訊帶入討論中。不過根據近期由奈特（Andrew Knight）和倍爾（Markus Baer）所做的研究指出，「站著開會」比坐著開會更能加強資訊交流品質的原因，其實還有一個：站著能提升小組成員對彼此看法的開放態度。參加這次研究的大學生必須為學校製作一段招生影片。小組半數以傳統方式開會，也就是圍著桌子坐著進行。另一半的人在同一個房間裡開會，但椅子都被移開。圍著桌子坐在椅子上會讓人產生對身體空間的領域意識。相對而言，拿開椅子等於把人的私人空間轉移至更大、全體人員共有的空間。在比較不是個人領域的空間做事，站著開會的這些人也會讓自己的想法更沒有地域性。他們彼此傾聽，參考彼此意見，做出的影片和另一邊坐著完成相同任務的團隊相比，得到更有創意和更完美的評價。30

溝通、參與和坦誠

大家都同意一點，良好的溝通是一般領導的核心要件，更是高品質改革過程的關鍵。你說了什麼和怎麼說，有助於成功引導人由A點轉至B點。舉例來說，有很多具有說服力的方式，可以讓人了解為何現狀令人不滿，也可以讓他們知道還有更美好的未來願景形式。我們一想到偉大領導人的溝通方式，通常記得的都是表達的部分。我們想起他們能言善道、激發熱情和擁有「存在感」的形象。話雖如此，溝通畢竟是雙向道。做好溝通「傳達」或**表達**的部分儘管重要，「理解」和**接受**部分也同樣重要。你必須了解改革的利害關係人有何感受。在一天結束後，不管你有多善於改革溝通，關鍵不只在於你說的話或你怎麼說那麼簡單。真正影響人的東西是他們「聽到」的內容，這表示你必須不只知道他們聽到什麼，還要了解他們聽到之後的反應。

當然，一般來說，管理者最好能了解員工的工作經驗。特別在改革時期，更是需要熟悉。理想的狀態是員工聽到主管傳達的訊息以後大表贊同。然而在改革期間，員工很可能聽不到企圖傳達的訊息，或不會表示贊同。改革帶來不安、疑惑和焦慮，因此清楚或大聲表達需要傳達的訊息才這麼困難。何況，即使他們理解了訊息，也可能會覺得反感，因此想要否認或保持距離。事實上，沒有反應可能代表員工確實理解了想要表達的改革訊息，並且表示接受，但更可能表示他們沒聽到訊息、無法接受，或二者皆是。

如果他們沒聽到企圖傳達的訊息，或無法接受它，你必須查明原因。我和一名經營者談過，他向團隊宣布了重大改革；我問團隊對此消息的反應，他說，「我覺得很順利。我是說沒人提出問題或反對。」話雖如此，只因為沒有人提出問題或反對，並不表示沒有問題或沒人反對。人會用逃避方式表示不支持。因此，如果有潛藏的誤解，或隱藏抵抗之意，改革推動者最好趕快了解這些事情。進行溝通的接收方面含意明確：改革推動者必須開啟或建立溝通管道，如此他們才能了解員工對於改革的真正想法和感受。其中有個做法是讓員工容易找到主管，如改革實施意見調查表第二十五項：「我給人機會溝通改革工作（例如透過門戶開放政策，四處走動式管理、會議問與答時間等方式。）。」

除了讓員工容易接近主管，主管也應該主動接近他們，如意見調查表的第二十四項：「傳達（改革相關）資訊給大家以後，我會確認他們如何解讀資訊。」實際上，意見調查表的全部三十四項中，第二十四項是最少做到的事。如此說明了一點，光是建立改革推動者想要傳達的溝通內容是不夠的；他們也必須針對員工有後續行動，以便了解他們如何理解資訊，以及他們是否贊同。這會增加額外工作，但是如同高品質改革過程的很多特點，最好現在馬上處理，不要等到日後付之更多代價。其實早點發現大家對改革的誤解或抵抗，可能比事後處理他們根據誤解和抗拒採取的行動，所花費的時間和精力要少很多。

主動聆聽

無論他們來找你，或者是你自己去找他們，你都需要主動聆聽員工對於改革的感受和可能潛在的抵抗。主動聆聽是什麼意思？不光是安靜和給別人舞台那麼簡單；那些只是基本條件而已。主動聆聽結合心理活動（在內心深處，你**真正思考**別人所說的話）和行為（在外在表現方面，你顯示確實考慮到他們的意見）。進一步來說，要及時在二個時間點向別人表示，你確實考慮了他們的意見：對話之間和之後。談話中，你可以藉由各種語言或非語言行為，表露你真的在思考他們的看法。

比方說，語言部分包括「重新解釋」，要求他們進一步說明或釐清，並且在不打斷對話的情況下（例如「我也有相同經驗，所以我完全理解你在說什麼」）談及你自身的經驗。非語言部分指的是以各種方式，表露你的注意力明確集中在他們身上。可惜的是，現代科技讓人難以全心全意：電腦、平版電腦和智慧型手機都讓我們分心。我有個朋友走進老闆辦公室，想表達他對於近期宣布的變動的顧慮。他的老闆一次都沒從電腦前抬起頭看她，他說：「繼續說下去，我在聽。」我跟這位朋友說，老闆的意思比較可能是「你可以繼續說，但其實我沒在聽。」

在某些方面，判斷主動聆聽是否真正進行的指標，最好根據對話**之後**的結果。假設你的直屬部下針對改革執行細節提出具體的建議。這裡能證明你確實聆聽的最好證據，應該是事後你確實執行了他們的提議。因此，別把他們的建議提升至必須比你可能的做法更好的標準，或是比原本的做法更好。相反地，降低門檻：他們的建議只要**不會**比你可能的做法或原有的做法更差即可。如果將他們的建議提升至必須更好的較高標準，就更難以執行建議，也因此失去表達確實聆聽的機會。

當然，有時候他們的建議比較不好的時候，也不可能真的執行。儘管如此，他們還是需要知道有人認真看待他們的意見。真誠地感謝他們，給他們合理的解釋，為何他們的想法不適合執行，以慎重的態度給予解釋，那麼他們會知道，你確實考慮了他們的意見。如此他們很可能會接受現有的改革工作，而且因為你認真考慮了他們自己的意見，他們也更可能對組織的未來事務提供意見。

總而言之，高品質改革過程需要注意雙向兩邊的溝通，表達方和接受方。埃姆斯（Daniel Ames）、班哲明（Lily Benjamin）和我近期研究了「主管的影響力大小：基於他們如何進行表達和接受方的溝通」。這次參與研究的主管由熟悉他們溝通方式的人負責評價。他們自我表達的能力將分項評分，例如「他能夠使用生動的圖像、有說服力的邏輯和事實支持一項論點」和「和別人溝通時，他很誠實、開放和公平。」反映主管接收或聆聽能力的舉例說明是「聽完以後，他連結聽到的內容，並且將它加入對話中」和「她認真聆聽批評和不同的觀點。」也許如所預期地，如果主管自我表達能力很好，他們就會被評為有影響力。此外，除了表達溝通技巧的影響，主管也會因為有良好的聆聽技巧而被認為有影響力。好玩的是，這兩種溝通技巧類型也互相影響主管影響力的評價。結合強大表達技巧和聆聽技巧的主管，影響力特別大。換句話說，這不是二加二等於四的情況；而是二加二等於五。[31]

你是敞心人嗎？

人際溝通的聆聽部分，最重要的是讓其他人打開心扉。米勒（Lynn Miller）、伯格（John Berg）和阿切爾（Richard Archer）建立了一個量表，測試讓人打開心扉的能力，貼切取名為「敞心人」量表（請見附錄E）。你可能也想測試自己一下，或是找個很了解你的領導風格的人測試你。你可以藉此更深入了解自己是多好的聆聽者。[32]

本章摘要

改革措施經常失敗，不是因為改革本質或內容錯誤（「沒做對的事」），就是因為誤導了規劃或執行過程（「沒做對事情」）。這二個廣泛的失敗理由中，後者比前者更可能是肇因。確實科特也提過，將近四分之三的改革管理失敗案例，或多或少都和過程瑕疵有關。在第二章，我們思考改革過程公平的重要性。第三章我們將公平性併入高品質改革管理過程更廣泛的模式中。

此外，我們在二個方面探討高品質改革管理過程的含意。首先，我們採用「全景」觀點思考。借用社會心理學創始人盧恩的說法，比爾提出成功的改革措施，其過程中激勵人參與和力圖改革的動力，必須超過過程中阻礙改革的牽制力。如他所言：改革＝（D×V×P）＞C。這個改革等式至少有三個用途。

第一，提供改革推動者一套完整的四大過程考量，無論在規劃或執行改革時都必須參考。

第二，提醒管理者這四個過程因素都必須處理妥當；意指「一著不慎，滿盤皆輸」。

第三，等式有個重要含意，四大因素雖然缺一不可，但主管本人不必完美符合這四大條件。改革管理需要團隊合作，不只因為有很多事要做，而是期望多數主管在這高品質改革過程的四大方面樣樣精通，實在很不切實際。

為了讓全景架構更好使用，我們探討了具體的行動項目。科特有八項步驟過程，而吉克以「十誡」的形式提供具體建議。科特和吉克的相同點，比不同點更多。二者都提供非常明確的高品質改革過程構成因素，是激勵（也就是確保他們使出全力往正確的方向行走）和支援（也就是確保他們有足夠的資源推動改革，並且協助移除可能擋路的障礙）員工的合成品。

本章另一個要點是不管改革管理過程做得多成功，也可能需要修正，原因有二個。一，這個想法本身就是吉克其中一條誡律，也就是必須「監督和修正」。二，必須確保過程適合改革推動者試圖影響的聽眾。舉個例子來說，是否利用正面或負面榜樣激勵員工，或是能否經由「追逐金牌」或「生死關頭」方法製造急迫感，也許得看員工的心理狀態是否更是趨利類型或是避害類型。

最後，我在本章加入幾個評量工具有兩個原因。第一，在重要面向提供深入見解。

例如，三十四項的改革實施意見調查表，針對高品質改革管理過程的構成要件，提供很多細節資料。這份問卷進一步讓科特和吉克的學說，朝改革推動者「可實踐性」的方向演變。第二，讓主管了解身為改革推動者的本身特質。我鼓勵大家不但自己進行測試，也可以找願意和能夠評價你的人做相同的測試。也許你會有另一番體悟。

第4章

因人而異的過程

「史蒂夫」的小公司多年來一直不見起色。他費盡心血想要扭轉劣勢，一週工作超過七十小時，每天被壓得喘不過氣來。他有家要養，很多人都指望他成功。然而，在事業如此混亂不安的狀態下，他做了一個決定，每週在社區自願服務五小時，教不識字的成人讀書。我很驚訝他攬下這份額外的工作，問他在分身乏術之際，怎麼有辦法再承擔另一個責任。他的回答很簡單：「以我目前的生活來看，我沒辦法不這麼做。」

「彼得」是位大型金融服務機構的中級主管。他很渴望成功，但問題是有時候他頑強抑制和堅持不懈的個性，反而成了他的絆腳石。他一旦決定走某條路，就會忽略所有提醒他需要換個方向的線索。舉例來說，只要他發現負責的案子表現不如預期，他會加倍努力讓事情成功。多數理性的外部觀察者會說計畫該停止了；但彼得不會。

有一天，他的上司問他是否願意在公司即將進行的課程裡擔任講師。彼得同意了，而且值得欣喜的是，他發現自己真的很喜歡這份提攜後進的工作。一方面，看見別人進步讓他很有成就感，一方面擔任講師正好符合他謹守的「回饋」價值觀。彼得的同事也注意到他其他的特質。變成講師以後，他在看待質疑他最初決定的資料時，變得沒那麼嚴厲了。和以前不一樣的是，他會吸收資訊、加以思考，有時甚至因此改變最初的決定。成為講師這件事為何使彼得的心智變得更開放呢？甚至處理與講師工作無關的資料時也是如此？

以上這兩個例子清楚解釋了高品質過程的構成因素。在第二章我們討論過，過程公平性是決定品質的關鍵因素。在第三章，我們思考一組更廣泛的因素，只要能影響任何改革管理過程的品質，無論大小。自始至終，我們提出高品質過程的本質包括提供支援（讓他們更有能力做需要做的事）和激勵人心（讓他們更有動機做需要做的事）。

當然，激勵人心首先必須知道他們想要什麼。雖然完整分析人類欲求已經超出本書範圍，但有件事似乎很清楚：**我們想要以某種方式看待自己**。

著名的社會心理學家史帝爾（Claude Steele）說得好：他提出人類追求「維持具有充足正當性和道德性的自我非凡經驗——自我概念和形象——也就是有能力、優秀、連貫、統一、穩定，能夠自由選擇（以及）能夠控制重要結果。」[1]這些不同的自我概念形成所謂「個人誠信，」由三個不同核心組成：尊嚴、認同和控制。尊嚴指的是人正面看待自己的程度；顯示為自己有能力和優秀。認同是人認為自己擁有基本核心；認為自己連貫、統一和穩定。控制指的是人認為自己有自主性和影響力，所以我們認為自己能夠自由選擇（自主性）和有能力控制重要結果（影響力）。

概要說明：自我肯定理論

基於人類追求個人誠信的概念，也就是看待自己擁有自尊、認同感和控制特質，史帝爾建立了自我肯定理論。理論中的智力啟發包括針對看似截然不同的社會心理現象，提出一個共通解釋。舉例來說，我們回顧費斯廷格一九五〇年代有關認知不協調的開創性研究，社會心理學家都提出人類追求自我信念和行為的一致性。[3]因此如果我們做了違背個人信念的事，也許會從此改變我們的看法，以期達到和自己行為的一致性，尤其針對沒有明顯外在因素造成的行為。

比方說，在有次研究中，讓人做了一件幾乎違背自己內心看法的事：討厭吃炒蚱蜢。參與者半數因為研究人員態度親切吃了蚱蜢，另外半數也在不友善的研究人員誘導下吃掉蚱蜢。之後所有參與者都必須敘述自己對於吃蚱蜢的看法。為了友善的研究人員吃蚱蜢的人，還是覺得吃蚱蜢很噁心，但是為了不友善的研究人員吃的人，對於吃蚱蜢有較正面的看法。[4]為什麼呢？如果研究人員態度親切的關係，參與者有個方便的外在理由，說明他們還是不喜歡吃蚱蜢：他們是為了幫那個人；如果研究人員態度不佳，他們就必須想出別的理由；例如或許吃蚱蜢也不是這麼糟的事。

與其把人必須維持信念和行為一致的需求視為必然，史帝爾提出一個重要問題：人為何追求一致性？不一致會威脅到人的個人誠信是其中理由。比方說，如果我說或做是一件事，但私底下相信另一件事，那麼我很難認為自己「連貫、統一和穩定。」換句話說，不是因為不一致本身讓我們感覺不好，而是我們對自己的看法不一致所帶來的負面影響。要檢視這個說法，我們可以讓違背自我信念行事的人，有機會確認他們的個人誠信。此外，自我肯定的機會不需要和他們不一致的信念和行為有關。相對於沒有得到自我肯定機會的控制組，只要自我肯定活動讓人體會到尊嚴、認同或控制，他們應會感覺比較沒必要依照他們的行為改變態度。

史帝爾藉由實驗測試這個想法，他讓所有參與者做出違背自我信念的事（就像吃炒蚱蜢）。其中半數的人得到自我肯定機會：他們完成意見調查，評量個人重視的價值觀（例如政治觀、經濟觀或美學觀，任何他們在意的事）。在回答這些反映根深蒂固價值觀的問題中，他們有機會提醒自己個人的真實性，也就是自我肯定。另一半的人則沒有給予自我肯定機會。研究結果顯示，人如果得到自我肯定的機會，相對於沒有得到自我肯定機會的對照組，他們更不可能依照行為改變自己的看法。[5]

雖然吃蚱蜢這件事和我們多數人無關，但是自我肯定的過程絕對有助於維持裁員後員工的士氣和生產力。由威森菲爾德（Batia Wiesenfeld）、馬汀（Chris Martin）和我進行的一項研究中顯示，由於參與者目睹了不公平的裁員過程，給予留下來的員工（所謂「倖存者」）不利影響。同樣地，我們值得提出這個疑問：不公平的裁員過程**為何**對留下來的員工造成負面影響？有可能是倖存者體會到不公平的裁員過程，威脅到他們的自我概念。雇主處理過程不公所傳遞的象徵訊息是他們不重視或不尊重員工，此舉不僅損害了離去的員工尊嚴，也傷害了留下來的人的尊嚴。裁員過程不公也可能威脅到倖存者的預測和控制能力。

如果裁員過程不公平因為威脅到倖存者的自我概念，帶來負面影響，那麼提供他們自我肯定的機會，應該會明顯降低裁員過程不公的不利影響。為了驗證這個想法，我們讓一組參與者目睹裁員過程不公的現象，然後他們會完成一項意見調查，評量個人重視的價值觀，同時有另一組人目睹了同樣的裁員過程，但不做這項價值觀調查。研究結果顯示，有機會自我肯定的人反應會明顯正面許多；他們比較有意願幫實驗人員做更多的事，比起沒有自我肯定的人，他們比較沒有情緒低落的現象。

事實上，目睹裁員過程不公並且經過自我肯定的人，反應和另一組目睹公平裁員過程的人一樣友善。[6] 這些結果顯示，造成倖存者反應不佳的原因不是裁員不公平本身這點。而是不公平對於倖存者自我概念的負面影響。

表面上，行為和個人內心看法不一致，好像和不公裁員過程中的倖存者沒什麼關係。但是在內心深層，二者有許多共同點：同樣威脅我們的個人誠信。我們很明白這一點，因為給人自我肯定的機會，就算做法和具體威脅自我的經驗無關，也可以抵消這些經驗造成的影響：前者是自我肯定的人不會因為行為傾向改變自己的看法，後者是自我肯定的人不會對不公平裁員過程產生不好的反應。

討論過自我肯定的好處以後，我們就更好解釋本章一開始提及的兩種行為。

史蒂夫在工作實際上佔據他所有清醒時間和心力之餘，**為什麼**還要承擔更多責任，在社區擔任志工？彼得在公司擔任講師之後，**為什麼**更能接受不同的觀點？兩者的解答都是為了肯定個人誠信。史帝夫的工作狀況不斷威脅著他的尊嚴、認同和控制感受。他需要**做點事**來自我肯定。在社區做好事是很好的解藥。說真的，他在幫助不識字成人閱讀方面，還比努力振興事業更有成效。一星期當志工的幾個小時裡，他覺得很有成就感和支配力。他還提到，雖然努力經營事業和他目前從事的志工工作，客觀來說沒有任何關係，但是他在工作時的壓力，因為志工經驗，不知為何變得比較容易忍受。

志工活動的自我肯定特質，減輕了不少經營事業的痛苦。

如果我們了解彼得不太能接受新資訊的理由，就能理解他的變化。原來彼得對於自己身為決策者的能力，通常沒有什麼安全感。以他的觀點來看，不能堅持原來的決定，等於承認那是錯誤。所以除了堅持下去，還有什麼更好的辦法向別人證明，他原來的決定是正確的呢？彼得不認為根據新資訊改變方向是靈活的表現，反而覺得是「優柔寡斷」或「軟弱」的象徵。但講師經驗改變了一切。原來彼得一直想要當老師，但因為更現實的因素決定從商。教學的角色讓他能表達重要理念，幫助他人成長大幅提升他的尊嚴。擔任講師所得到的自我肯定，讓他敞開自我，願意以不同的觀點面對他的日常工作，尤其是接收的資訊可能代表他最初的決定是個錯誤時。他不再覺得這樣的資訊威脅到自我，因此有些東西他釋懷了，他更能客觀評估新資訊本身的價值。因為成為心胸更寬闊的決策者，也進而變成更有效率的領導人。

理論應用

自我誠信的需求是評估過程品質的某種獨特視角，因此我們不用專注於過程屬性（例如第二章討論的公平性，或是（D×V×P）>C模式的各項元素），我們可以根據接受方的過程體驗評估過程品質。過程中越能自我肯定，帶給人更多的尊嚴、認同或控制感，品質就更高。

人從開始成為機構成員到離開的這段時間（包括其中的很多時間點），無論所受待遇的好壞，都會影響他們的自我概念。想想身為組織成員，他們在職期間的各個階段。剛進公司的時候，他們被預期學習應該怎麼做事的潛規則，更廣泛的說法是公司文化。對員工來說，剛開始很艱難；所以雇主這時候要協助他們奠定良好基礎。一旦員工進入狀況，公司就必須想辦法激勵他們發揮最好的工作效率。

此外，有遠見的企業都很清楚，光是在短期內激勵員工是不夠的；他們必須找到方法引導員工長遠地成長和發展。員工在職的各個自然階段，還摻雜了外在環境持續變化的不爭事實。因此，他們可能必須應付不同的工作，或是用不同方式做同樣的工作。組織如何處理員工在職期間的這些問題，非常重要。其實如我們所見，處理各方面的細微差異，都可能影響員工自我肯定的經驗，也進而對他們的生產力、士氣和整體的幸福感，有很大的影響。我們現在看一下相關證據，同時也思考一下如何善用這些方法。

奠定良好基礎

回想你在目前工作崗位剛上任的幾天和幾個星期。我猜那段時間應該很刺激。你可能覺得很興奮、緊張，或許大多是不確定感——不確定最好的做事方式，不確定應該如何應對、不確定進入這家公司是否為正確決定等等。多數機構了解菜鳥的不安，所以他們往往花很多的心力和資源引導新進人員。新進員工訓練是雇主的責任，也是機會。責任是他們需要有人幫忙處理不確定感。機會是人在不確定時最容易受影響。管理階層幫助員工處理不安的方式，可以會導致巨大的結果差異。說實話，管理者在員工的不安階段，比起在穩定環境中員工感覺比較確定的時候，更可能得到事半功倍的成果。因此，管理階層在早期教育員工時的所作所為，以及同樣重要的做事方法，對於員工生產力、士氣和幸福感，都有持續的影響力。

思考一下新進員工的初始經驗。一般幫助新進員工適應公司的方法，包括訓練他們即將執行的具體工作事項，以及更廣泛而言，陶冶他們公司的價值觀，以及預期表現的行為。剛進一家公司時，新手都必須知道公司傳統、公司立場，以及他們應當很滿意決定成為團體一份子的原因。這些經驗都是為了確保人和地方的認知協調。不過，除了向新人介紹環境、公司立場等，如果公司採取比較不同的方式訓練員工，結果會怎樣呢？要是雇主要求新進人員確認自己的「強項特徵」呢？也就是說，**他們**的立場是什麼，**他們**的專長是什麼，以及**他們**如何在工作範圍內發揮強項特徵？

學者凱伯（Dan Cable）、吉諾（Francesca Gino）和史塔茲（Brad Staats）近期做的研究處理了這個問題。他們比較威普羅（Wipro）公司訓練員工的不同方法，這家印度公司是業務流程外包產業的佼佼者。舉例來說，假設你在買機票或設定印表機時遇到麻煩，必須聯絡技術人員處理，這時就可能接觸到威普羅客服中心的職員。印度客服中心多數的業務都很緊張。通常員工要應對的來電者心情都很沮喪。而且他們還被要求掩飾印度的身份，例如使用西方口音和應對方式。因此想當然爾，印度客服中心每年的流動率高達百分之五十至七十之間。在公司三種訓練（控制組）方法中，有一種是威普羅常用的方式，即強調技能訓練，並且讓新來者大致了解公司宗旨。第二種方法包括在控制條件下所做的每件事，加上強調公司認同的活動（組織認同條件）。這些包含（一）聆聽高階主管和表現優秀者說明威普羅的價值觀和成為最佳工作環境的理由；（二）聽完說明以後，新進人員回答一些問題，例如「威普羅有何名聲讓你覺得在這個公司上班很榮幸？」；以及（三）彼此討論問題的答案。接著，公司發給新進人員二件運動衫和公司名牌，並且要求他們訓練期間要隨身配戴。

新進人員訓練的第三個方法，同樣必須包含所有控制條件下做的事，再加上一連串強調員工個人認同的自我肯定活動（個人認同條件）。舉例來說，高階主管的說明強調，在威普羅工作可以讓新進員工表達自我，並且發展他們自己的機會。他們接著參與練習活動（「迷航」），依照個人適合方式進行。這個練習要求參與者想像自己被困在海上的救生筏上，然後排名在這種情況下十五樣東西的實用性。他們必須思考自己的回答和其他參與者有何不同。然後再回答以下和他們「最好的自我」有關的四個問題：（一）最適合用來形容自己的三個字是什麼？（二）讓你擁有最愉快的工作時光和表現最好的個人特質是什麼？（三）請描述一次（或許在工作上，或許在家中）你採取「自然反應」表現的情況，（四）你如何在工作上重複這個行為？接著他們和未來要共事的人介紹他們最好的自我，並且說明他們自己進行「迷航」練習的方式。他們也拿到兩件運動衫和名牌，在訓練期間配戴，但這次名牌上的署名是自己，而不是公司。

這項研究成果成效驚人。員工**接下來六個月**的流動率，個人認同條件比起控制條件和組織認同條件的人，顯著降低很多。此外，個人認同條件組的顧客滿意度也比控制組高出許多。儘管強調個人認同的員工訓練有這些正面成果，多疑的讀者可能還是無法相信。比方說，懷疑論者也許認為使用個人認同條件的方法，在參與過程中賦予新進員工太多責任，而不是在雇主的控制下進行。這其實不見得。在個人認同條件下，雇主和新進人員**分擔**奠定良好基礎的責任。員工必須透露自己的強項特徵，以及應用在工作上的方式。至於雇主部分，至少要用兩種方式持續控制訓練過程。第一，個人認同條件下的參與者，必須在說明個人強項和如何應用在工作上以前，繼續接受公司傳統的員工訓練。第二，參與者不是好像可以自行選擇用**任何**方式，執行他們的強項特徵；雇主針對員工如何在工作上應用長處的想法，還是要行使同意權。

雇主還有一個可能理由，懷疑這次研究結果的應用性，那就是他們沒有時間將包含個人認同條件的獨特功能，納入新進員工訓練過程。但是這所有程序只花了一個小時左右，四個活動分別以十五分鐘完成：（一）威普羅的高階主管描述在公司上班如何「給予新進員工表達自我的機會」；（二）以突顯個人方式，讓參與者完成「迷航」練習；（三）讓參與者描述他們對「迷航」練習的反應和資深同事有何不同；以及（四）讓參與者完成一連串有關自我強項特徵的問題。進行這個程序雖然只需要一個小時，個人認同引導卻減少了員工流動率，並且提高了接下來六個月的顧客滿意度。鑑於這次驚人的成本效益關係，或許我們應該問的是，如果不嘗試類似個人認同條件下的員工訓練過程，公司承擔得了後果嗎？

持續前進

凱伯和其同事進行的這項研究顯示，員工熟悉組織的過程微小差異，有助於他們奠定美好基礎。然而，鼓勵他們繼續積極前進也很重要。幸好創造自我肯定經驗的管理過程，不只發生在員工剛進公司的時期；之後也可能發生。這是一件好事，因為現在或許比從前的任何時候，我們更希望工作上不只拿到薪水，也要獲得內在的收穫。

組織心理學家黑克曼和歐德姆（Greg Oldham）針對內在動機提出兩個很重要的問題。第一，人在什麼特別經驗下，覺得內心受到鼓舞？第二，組織如何塑造工作環境，讓人有這樣的體驗？

例如，人覺得工作具有意義時內心受到鼓舞。所以當他們進行的工作能讓他們使用或發展各種技能（不只一種），當他們從頭至尾進行一項任務（而不只是「機器的一個齒輪」），以及當他們很了解工作的重要性，他們體會到意義。[9]

同樣地，人類感受到尊嚴（如「我表現出色」）、控制（如「表現出色造成重大影響」）和認同（如「在某個領域表現出色造成重大影響是我看待自己的關鍵因素」）

時，內心會受到激勵。**組織的挑戰就是要創造一種工作環境，讓人在其中工作時，感受到尊嚴、控制和認同。**管理階層激發員工的內在動機的其中方式是指出組織任務的根本價值，並且讓員工知道自己的表現如何幫助組織完成重大使命。

格蘭特和其同事的近期研究證明了一種方法特別有效：讓組織產品或服務的終端用户告訴員工，他們的工作對用户的生活產生了重大影響。以大學募款人的工作為例。這個工作一般需要聯絡校友，說服他們捐款。工作單調又重複，募款人最常得到的回答應該是「不行。」但格蘭特發現「一次曾接受獎學金的學生的短暫來訪，讓募款人受到鼓舞，更加努力工作。」我所謂的「短暫來訪」是五分鐘。但「更加努力工作」，我指的是募款者的一週效率增加了百分之四百！

在類似情境下，很多醫生也曾表示，他們工作上最大的回饋是看見病人的健康狀況，因為他們的協助獲得改善。但有些醫生，例如放射科醫生和病理學家就沒有這種機會，因為他們通常不需要直接和病人互動。尤其因為工作性質的關係，讓醫生和病患之間產生的心理距離，能夠藉由這樣的介入看見工作成果。近期的研究也證實了類似的想法：只是給放射科醫生看一張病患的照片，對照於沒有看照片的一組醫生，他們的生產力（發現的正確性改善了近百分之五十）和士氣（他們表示覺得自己「更像醫師」）就明顯增加許多。[11]

格蘭特指出，終端使用者的正面回饋，比起由管理者給予的同樣回饋，更能鼓舞人心，因為終端用户的回饋更具可信度。一方面，來自終端用户的回饋，其優點是直接明白。相對於(a)快得到好處，所以比較不能說實話，或是(b)描述好處時比較有個人考量，所以比較不願意說實話的管理者，終端用户更可能提供不假修飾的真相。[12]

組織總是想盡各種辦法，讓員工得到終端用户的讚美。舉例來說，美商富國銀行（Wells Fargo）讓員工看顧客的影片，聽他們描述銀行的低息貸款如何幫助他們管理高額債務。也可利用書信表達。在出版旅遊書的 Let's Go 出版社，管理者和員工分享讀者的感謝信，讀者表示這些書幫助他們完美應對各種不確定的異國風土民情。

我本人也親眼看到散播顧客感謝函的激勵效果。身為哥大商學院的高階主管教育課程——高效領導（HIL）主任，我常收到課程參與者的來函，他們在信中談到課程對他們的幫助。舉例來說，請思考一下這四位參與者的來信：

1.（三個月後）。老實說，如果沒有參加這次的HIL課程，我很難像現在可以把事情看得這麼清楚。授課的品質讓我能夠深入了解課程內容。這個課程真的改變了我，對此我永遠感激在心。

2.（五個月後）。參加ＨＩＬ的經驗會永遠留在我的腦海裡。因為這個課程，我的生活方式和方向持續發生了重大變化。我剛和上司開完年終回饋會議，回饋的結果令人驚喜！

3.（六個月後）。我非常享受這次課程。三百六十度回饋幫助我制訂真正造成重大影響的路線。上個星期我分別在不同的場合得到許多讚美，我的老闆和其中一名直屬上司跟我說，自從我上完ＨＩＬ課程以後，我的管理風格顯著提升了許多。

4.（一年後）最近公司根據全面調查結果，升我為全球業務主管。真正的關鍵在於我大幅提升了領導技巧的自覺。歸功於ＨＩＬ課程，我才能提升到這個層次。

這些信讓人回顧時充滿欣喜，同時更期許未來。書信大力提醒我們傳授一流課程的責任和機會。「我們」這個字很重要。我真的很幸運，能夠和如此專業的授課團隊（伯拉克、赫里、基福伯）一起進行ＨｌＬ課程。一收到這些信，我馬上傳給他們看。他們都表示，這些信更鼓勵了他們原有的高度教學熱忱。

如同影片和書信的激勵作用，得到真實生活端的用戶的正面回饋，也有無與倫比的功效。醫療設備公司美敦力公司（Medtronics）以幾種方式實踐這個概念。一是把終端用户帶至員工面前。公司年終聚餐最精彩的時刻，或許是病患描述公司產品如何對他們人生造成重大影響的時候。另一個方式是將員工帶至終端用户面前。美敦力定期讓工程師、銷售人員和技師參與公司醫療器材的使用程序。於是工作上無法接觸終端用户的員工，有機會清楚看見他們辛苦的成果。

真正鼓舞人心的步驟

由內在激發員工提升生產力和士氣的概念，已經是老生常談。雇主更要挑戰的是如何將想法付諸實行。與本書整體主旨一致的研究顯示，雇主實踐想法的**方式**足以造成重大影響。某些做事方式對員工來說，更能自我肯定。印度客服中心的研究顯示，要求新進員工確認他們的強項特徵，以及如何發揮在工作上是很好的做法。格蘭特和其同事也發現，由終端用户直接回饋員工的工作造成重大影響，比起由上司傳遞同樣的訊息，鼓舞作用更強。

一般來說，推動職場改革，例如如何讓工作本質變得更鼓舞人心，由管理階層負責。當員工有自主性，或者是能夠從頭到尾完成一項任務（所謂「任務認同」），他們會更有內在動力，因此管理階層應該要在員工的工作上加入自主性和任務認同。比方說，由同一名護士負責病患從住院到出院期間的照護工作。

管理階層提出「工作設計」（job design）改革，儘管可以提升員工的生產力和士氣，但正面效應通常無法長久保持。不幸地，員工的生產力和士氣反而在幾星期或幾個月內滑至谷底。如果工作再設計的過程換個做法試試看呢？例如重心擺在員工身上？由員工發起的工作設計改革稱為「工作塑造（job crafting），」工作塑造和傳統由雇主主導的工作再設計做法不同，員工會更加自我肯定，原因有二個。

第一，由員工發起工作再設計時，推行的改革尤其可能與個人相關。如瑞斯尼斯基（Amy Wrzesniewski）和其同事的說法，「針對員工設計的工作內容，符合他們的**獨特需求**、**動機和價值觀**，員工可能對於工作改善本質部分，能夠長期有正面回應，而不是對主管提出的工作再設計的一時新奇反應」（特別強調）。換句話說，工作塑造演變的改變**內容**，可能會加強自我認同感。

第二，改革由員工發起的事實本身，表示工作塑造的過程可以讓人體會控制感，而且因為工作本身的實質變化也可能產生自我肯定。（回想療養院的研究結果，幫自己的植物澆水或選擇哪天看電影的居民，比起由管理機構告知何時給自己的植物澆水或哪天看電影的居民，敏捷性更高。）[14]

在工作塑造的完整分析中，瑞斯尼斯基和達頓指出，其實任何工作類型都適合塑造。此外，塑造至少可以採取三種形式：（一）任務範圍的改變，指的是接手的任務數量或類型；（二）認知性任務範圍的改變，指的是員工怎麼看待或定義他們的工作；（三）關連性範圍的改變，指的是員工在執行工作過程中，必須互動的對象數量和類型。舉例來說，即便是醫院清潔的低技能工作，也可以大致以塑造方式進行。在一項研究中，塑造自己工作的醫院清潔人員，除了正式工作描述提到的工作內容，也接手其他任務；他們準確安排自己的工作時間，因此更能配合單位內的其他工作（任務範圍改變）。這些高度塑造者不是把工作視為一連串獨立的活動，例如清潔病房、清潔走廊等，而是當成用來改善病人情況的整體設計（認知性任務範圍改變）。此外，高度塑造者採取主動做法，創造更愉悅的工作環境，例如親切服務病人、幫助訪客找路，以及配合單位內其他護士的工作（關連範圍的改變）。[15]

瑞斯尼斯基、格蘭特和其同事近期研究工作塑造對員工的影響。之前我如此宣揚工作塑造的長處，你一定覺得我會提及員工生產力和士氣的正面影響。沒錯，不過實際的結果更加複雜且有趣。這次的參與者是《財星》前五百大科技公司的業務和一般行政部門，總部位於美國西岸。他們在上班時間參加一個短期（九十到一百二十分鐘）的生涯發展研習會。所有研習的用意在於刺激參與者將工作狀態看成有可塑性，進而鼓勵他們參與塑造工作。研習期間涵蓋三種不同主題。第一種（僅有工作塑造）參與者在「規劃前」描述他們現有工作的任務，接著指出他們希望工作「規劃後」包含什麼任務。關於第二種（僅有技能發展），參與者描述他們「規劃前」的目前工作相關知識、技術和能力，以及他們希望工作表現更好所需發展的知識、技術和能力。第三種研習會（兩者皆是），參與者**同時**建立規劃前後的工作塑造和技能發展。參與者在這三種研習會中都必須寫明，接下來幾星期他們如何一一將期望的工作和／或技能改變化為真實。此外，這三種研習會的參與者描述「規劃後」時，都必須在理想與現實之間求取平衡。研習後在二個時間點評估參與者的工作表現和士氣：六週後（短期評量）和六個月後（長期評量）。

塑造練習對於僅有加入技能發展組的人來說，無論長短期來看，都沒有任何影響。而如同之前針對管理階層發起的工作設計改革研究，僅有加入工作塑造組的人，短期內產生了正面效應，但長期沒有；他們的表現和士氣在六週後顯著地提升，但推行了六個月以後，他們的表現和士氣都退回研習前的程度。最長久的改變發生在二者同時發展的組別。他們這一組的士氣並沒有在六週後發生變化，但在六個月後有顯著提升。此外，他們的表現短期來看確實有明顯地滑落；不過六個月後，他們的表現比參加研習前略為提高。[16]

為什麼參加工作塑造而非技能塑造的人，生產力和士氣大幅提升了呢？而且僅是短期效果。而為什麼雙重塑造（結合工作和技能塑造）短期內無法得到任何好處，但長期下來有效果呢？還有，為什麼只有參加技能發展的人無論長短期來說，都無法顯示任何優點呢？在思考希望如何改革工作時，僅有工作塑造而沒有技能塑造的人，相對於雙重研習組別，比較沒有自主性。換句話說，參與者想像自己的改變幅度（由比較規劃前後來表示），比起雙重組別，僅有工作塑造的人顯然比較低。不過採取主動確實會讓人體會到認同和控制，也正是提高動機和滿意度的真正因素。僅有工作塑造的人進步程度不高，而且還是短期才有好處，而非長期。

或許因為雙重組別的人比較主動，他們明白了現有狀態（反映在規劃前）和未來狀態（反映在規劃後）的差距以後，立即感受到自我威脅。雙重塑造組的人有以下想法：（一）「我想要採取一些積極做法，拓展或加強我的工作」；（二）「為了成功實現新的塑造工作，我需要培養某些技能」；（三）「哎喲，要等到我的能力符合新塑造工作的要求，還有很長的路要走。」因此，短期來說，雙重組的人在練習的工作塑造部分感受的認同和控制，也許和技能發展部分的無力感抵銷了。無疑地，短期內，雙重組的人無法提升生產力和士氣。

儘管如此，有幾個因素讓雙重塑造組的人長期下來做得更好。雖然他們很難在六週內提升技能培養部分的能力，六個月後卻有可能。因此，研習後六個月，雙重塑造者很可能更有表現能力。針對此點，他們可能還會變得更想表現，因為他們之前感受到的不稱職，可能被勝任和自信取代了；通常如果我們看到自己變得更有能力，我們會更有動機做事。再說雙重塑造者也是此良性循環的受惠者。隨著時間，他們建立了實現塑造工作的必備技能，他們提高的技能，也可能激勵他們思考其他塑造工作的方式等等。

但是，鼓勵員工透過雙重塑造擴大內心視野，機構會有流失人才的風險嗎？有人懷疑雙重塑造引起的自然良性循環結果，等於是開始在其他地方找機會的意思。實際上，參與雙重塑造的人，比起僅有加入工作塑造或技能發展的人，有加倍的機會在研習八個月內轉換新職位。話雖如此，多數員工（超過百分之九十）都是以橫向或向上移動方式在組織內調職，而不是跳槽至其他公司。

我的直覺是如果組織讓參與雙重塑造的員工有自信感，他們就不必擔心員工會大量出走，投靠其他雇主。情況正好相反：提高尊嚴、認同和控制感的過程，可能是企圖留住員工的競爭優勢。也許有些好員工經歷類似雙重塑造的過程以後會離開，但離開的人數不可能太過離譜。此外，優秀員工離職的成本，早就被多數選擇留下的員工抵銷了，他們提升了更多的生產力和士氣。

瑞斯尼斯基和格蘭特同時也思考僅參與技能發展研習會的人，為何無法產生正面效應的原因。他們的推論完全符合本章要點：沒有伴隨工作塑造的技能塑造，讓我們只關切個人弱點和需要改進方式，進而可能產生自我威脅感。因此，研習會若是不鼓勵自我的正面體驗，而僅是強調技能發展，可能會產生一些實際的反效果，由此也解釋了無論長短期來看，都無法提升生產力和士氣的原因。[18]

這麼說來，這幾個研究引出了一個主題，即組織**如何**執行人力資源方案的細微差距，能夠積極影響員工的尊嚴、認同或控制感，進而大幅提升生產力和士氣。有關教育環境的近期研究也提出類似觀點：對待學生的相對細微差距，同樣藉由影響他們的尊嚴、認同或控制感的方式，對於學生的重要態度（如生活幸福感）和行為（如學業表現）造成重大影響。沈（Sohyeon Shim）、克拉穆（Alia Crum）和賈林斯基（Adam Galinsky）在研究中，要求大學生連續二週每隔一天花個幾分鐘，簡短寫出生活中能夠控制的幾件事；這是高控制組。另一組寫下不能控制的事；這是低控制組。例如說，高控制組的人寫道：

我改變他人過去對我的看法。比方說，某學生社團的副社長對我這個社長曾公開表明，他不會聽我的，也不同意我的參選，因為我是女性。但在這一年期間，我和他密切配合，並且賦予他更重的責任，最後他學會相信我的判斷和領導能力。在今年年終，他寫信為他年初所講的話道歉，而且還說我是他加入的所有社團中最好的社長。我認為基於我持有的態度，加上我和別人的交流方式，他們的反應和想法有可能改變。

相對地，低控制組的人寫道：

我回想和男朋友之間的事。我們大約交往了六年，彼此都很認真看待這段感情，譬如都到了訂婚的程度。但是他的母親想的卻是我無法改變的事情。她對我做了一些很殘忍的事，例如偷藏我的皮夾，讓我必須待久一點，或是對我大聲吼叫，讓我哭著跑出男友家等。當我家事做不好，她會讓我產生愧疚感。我就是覺得她絕不會給我機會。我是說，我認為自己是正常、貼心的人。但不管我多麼努力釋出善意，她似乎都沒注意到，而且我認為無法改變她對我的回應和想法。

兩週後的某一天，所有參與者評估他們生活的幸福度，也就是研究時泛稱的「主觀幸福感。」樣本項目包含「我的生活大致來說，很貼近我的理想」和「我滿意自己的生活。」結果顯示，專注於自己能夠控制的事的人，比起專注於自己無法控制的事的人，生活滿意度較高。[19]

請記住，高控制組和低控制組的參與者，彼此受到的待遇差別不大。這不是說，他們好像在不同的處境有實際不同的控制感。而是說，他們只是思考自己覺得有較多或較少控制的生活特質。同樣地，這也不是他們需要長期思考有無控制能力的事：只是處理二週內每隔一天的六個簡短經驗。此外，處理方式、生活滿意度的影響層面也很值得注意。由此我們得到的結論是，過程中相對而言較小的差異，卻能夠造成心理意義領域統計上的顯著影響：生活滿意度。

或許有人懷疑，認知的不同對於生活滿意度的正面效應稍縱即逝。畢竟只是兩週後某一天的生活滿意度測量。參與這個研究有可能產生長期的幸福效應嗎？答案是肯定的。七個月後，同樣的參與者完成由美國疾病控制預防中心進行的幸福標準化測試。例如，參與者自研究進行以來，每個月需要報告他們生理和心理健康不佳的天數。七個月前被要求思考能夠控制什麼事的人，比起必須思考無法控制什麼事的人，每個月的不良狀況天數比較少。不意外地，研究一結束，思考能夠控制事情的人，比起那些思考無法控制事情的人，感覺更樂觀。不過比較不可思議的是，研究期間所體會到的樂觀情緒，也多少影響了參與者七個月後的生理和心理健康。

自我肯定的練習

近來針對美國中學課堂進行的研究更進一步證實，人所受待遇的客觀細微差距，足以影響他們的尊嚴、認同或控制經驗，進而在重要領域中形成持續深遠的影響。以下先說明研究背景。

在美國中學教育中，非裔美人的學業成績落後於歐裔美國學生的事實，一直以來都有詳細記載。我們可以根據史帝爾的「刻板印象威脅」觀點來解釋，其中負面形象團體表現不好的有點矛盾傾向，正是因為他們深怕正好表現所謂負面刻板印象的行為。被歸類為某種負面刻板印象的人，都非常在意這類成見。而且他們很排斥想像任何等同刻板印象的表現。因此當他們發現自己處於和刻板印象相關的情境，他們因為要努力不要活得和刻板印象一樣（或努力去除成見），導致產生焦慮引起的負擔感。遺憾地是，他們的焦慮降低了自己的表現能力，結果反而表現出一直設法要避免的低水準成就。

非裔美人學業成績不佳就是這類成見的例子。很多人，包括非裔美人，都很熟悉這種成見；事實上，有些人還深受其害。我在哥大商學院有個MBA學生是非裔美人，他覺得要不斷捍衛自己的智力。他說他只有單獨在家的時候，才不用關心成績表現，做些上網或自己有興趣的事。我們不難想像，擔心智力表現會降低表現所需要的大量專注力。史帝爾和其同事發現，如果來自名校的黑人大學生以為自己在做智力相關的任務，相較於同類型學校的白人學生，他們的表現會差很多。

儘管如此，同樣的任務如果不包裝成智力測試，黑人學生會表現得好很多，在這個例子是和白人學生一樣的表現。[20]

刻板印象威脅對於智力發揮的不良影響，不僅發生在非裔美人身上。任何被貼上負面標籤的團體成員，面對智力挑戰任務時，都可能因為擔心落入刻板印象而無法全心投入任務，造成表現不好的結果。舉例來說，有些人認為，女性比較不擅長數學和自然科學。高智商大學生進行的數學測驗如果已知會產生性別差異，女性的表現會遠不及男性。然而，在沒人預告性別差異的條件下進行同一種測驗時，女性的表現會好很多，這次的表現水準和男人一樣。[21]

我們再回頭看中學課堂的研究，科恩和史丹福的同事評估自我肯定，是否會提高這些容易體會刻板印象威脅的學生課業成績。刻板印象威脅本質上會傷害人的尊嚴、認同和控制感；難怪學生有此體驗時會表現得不好。既然如此，那麼作些自我肯定的事可能對他們特別有幫助。科恩和其同事由小事開始進行。他們認為如果易受威脅的學生在上某些特定課程時，例如社會科，做些自我肯定的事，他們的課堂表現也許會提升。在學年剛開始時，非裔美國學生在社會科課堂上參與了自我肯定活動。這個活動採取史帝爾早期實驗研究的模式。學生評價符合他們年齡層的各種價值觀等級，例如朋友或家人關係和擅長科目（如美術）。這裡要處理二種不同條件。自我肯定條件的人選擇排行最高的價值觀，並且簡短寫出他們覺得那個價值觀很重要的原因。在控制條件下的人選擇他們覺得最不重要的價值觀，並且簡短寫出他們覺得這個價值觀別人可能覺得很重要的原因。

三個月後，自我肯定條件的人，比起控制條件組，在社會科方面得到更高的分數。自我肯定練習才進行了十五分鐘，卻造成三個月後社會科的驚人高分效應。事情還不止如此。做自我肯定練習的學生，不只在社會科贏得高分；他們在之後的三個月，所有的課堂表現都比控制組好。受到這些發現的鼓舞，科恩和其同事再評估這些正面效應是否能持續更久。結果證明確實如此：非裔美國中學生從開始花了十五分鐘做自我肯定練習（加上隔年幾次的「加強補充，」基本上一直重複自我肯定練習），過了整整二年之後，他們比起控制組的學生，在所有主要科目方面的表現都比較好。[22]

為什麼會這樣呢？參與一些短暫的自我肯定練習，為何能產生這麼持久的正面效應呢？回顧有關雙重塑造的研究發現，員工同時塑造工作及技能發展，對於生產力和士氣有長久的積極影響。可能是因為雙重塑造推動遞歸過程（重複一套固定的程序），員工進而變成良性循環的受惠者；工作塑造也許會激勵人發展所需技能，表現自己塑造的工作，而技能培養也許讓員工產生新的想法，加強塑造工作。

同樣地，參與短暫的自我肯定練習，或許會影響另一種帶有持久效應的遞歸過程。自我肯定活動與其說如同雙重塑造的情況，啟動良性循環，還不如說或許能幫助易受刻板印象所害的學生，不受惡性循環所害。也就是說，刻板印象威脅妨礙了挑戰智力任務的表現，而挑戰智力任務表現不佳進一步強化刻板印象威脅，如此不斷循環。在學年一開始，易受刻板印象威脅的學生，可能至少有一些測驗和作業會表現失常。如此的負面回饋可能會加強他們對自我能力的懷疑，由此造成持續性的表現不佳等等。這也是參與自我肯定練習對他們很有幫助的原因。如我們在本章開始所述，作些自我肯定的事，不一定要發生在第一時間威脅到人的尊嚴、認同或控制的同樣領域。只要活動有意義地重新確認了整體的個人誠信感，就可能減低從自我威脅源頭帶來的潛在性不利影響。給予易受刻板印象威脅的學生機會，讓他們反思和寫下個人的重要價值觀，無法讓他們脫離可能表現不佳的事實。然而，自我肯定練習可能會降低表現不好帶給整體自我感受的負面影響，這麼一來，也會減緩惡性循環的衝擊。

科恩等人除了進一步證實易受刻板印象威脅的學生會陷入惡性循環，他們也發現，沒有參與自我肯定練習的學生課業成績，經過二年的研究時間，呈現退步結果。而參與自我肯定練習的學生經過二年研究也退步了，但是退步程度少了很多；換句話說，後面這一組的循環沒有想像得這麼惡劣。

此外還有證據顯示，參與短暫的自我肯定練習可能有益於學生在社會領域的長久發展。對於朋友、家人和情人關係感覺不安的人，容易散發不好的氣息，因而遭致批評和拒絕，然後又加強他們的不安；這是社會形式的惡性循環。如果自我肯定有助於打破刻板印象威脅的惡性循環，進而提升非裔美人的學業成績，或許這對於那些沒把握維持關係的人的「社交表現」，具有相同效果。

史汀森（Danu Anthony Stinson）和其同事找到一群自稱無法適應社會關係的大學生。例如，他們一般贊同這樣的說法「我常擔心家人不再愛我，」和不同意這樣的說法「我的朋友認為我在他們人生佔有重要份量。」他們其中半數做了簡短的自我肯定練習，他們確認了重要的個人價值，並且以紙筆簡短說明這個價值觀對他們的重要性；另外半數的人則沒有做這個練習。兩個月以後，參與者完成一份相同的社會關係自在程度測試。二個月前做過自我肯定練習的人，描述自己時，比起沒有做自我肯定的人，明顯感覺社交關係沒那麼不安。此外，自我肯定組在訪談中，表現也比沒有自我肯定的人更冷靜。[23]

時機問題

人在感受自我威脅的時候，最容易得到自我肯定過程的好處。舉例來說，若無意外，要求員工確認和說明他們的主要強項，正好最適合拿來奠定良好基礎。畢竟身為新進人員，自然容易覺得尊嚴、認同或控制受到威脅。因此自我肯定活動或許正是他們當下所需。從中學研究得到的更多發現也顯示，自我肯定在發生自我威脅感時特別有幫助。從自我肯定練習中得到最多好處的非裔美國學生，就是之前學業成績最差，因而最可能感到自我威脅的人。此外，肯定練習對歐裔美國學生的成績沒有影響，因為他們的刻板印象威脅經驗（因此感受自我威脅）很少與此相關。

中學生的學年開始時間，不只是學生唯一體會自我威脅的教育情境，任何的轉換過程例如剛上高中或大學的時候，因為不確定自己是否有歸屬感或成功能力，都很容易感受到自我威脅。想像剛開學時，學生很擔心是否有歸屬感或具有成功必備能力，這時他們遇到某種形式的負面回饋；情況不必太嚴重。比方說在開學第一週，一名少數族裔學生沒被邀請加入多數民族學生的午餐行列。這件事乍聽之下，好像不是什麼世界末日。多數民族族群剛開始或許也很不安，所以他們會尋找和自己同類的人。等到多數民族成員自己本身安定下來，或許就很樂意接受少數族裔同學。然而，到了那時候對於少數群體成員來說，可能為時已晚，他們很容易察覺到沒有歸屬感的證據。只要認為自己沒有歸屬感，他們會開始真的用一種讓自己持續不受歡迎的方式思考和表現。

歸屬感與自我尊嚴的社會基礎有關，肯定歸屬感的介入活動或許對那些容易感到被排斥的人來說，特別有幫助。

為了測試這個想法，學者沃爾頓（Greg Walton）和科恩針對學年一開始的大一新鮮人進行研究。半數參與者被告知剛開學覺得有點擔心或憂慮是否有歸屬感，純屬正常現象，時間一久，這些感覺多半會消失。為了支持這個介入活動，他們讓學生寫篇短文，說明他們如何在大學期間逐漸體會到歸屬感，然後隔年給另一批新生看這篇短文。另外加入控制組的人，不做任何事減輕沒有歸屬感的煩惱。研究結果證實，白人學生沒有得到干預的好處，但黑人學生有，而且是整整三年。實際上，歸屬感干預降低了一半黑人和白人的成績差距。這個干預活動花費所有學生一小時的時間。沃爾頓和科恩發現類似結果發生在剛上中學的學生身上。這些學生體驗更短的歸屬感干預活動（這次只花了二十五分鐘），相較於控制組，他們更不可能整學年顯得更憂鬱。[24]

另一種可能影響尊嚴和控制，進而影響學生優秀表現機會的干預類型，重點放在他們對於智力的想法。在德威克的前瞻性著作《心態致勝》（Mindset）中，他提到人類堅持二種不同有關智力的信仰系統或內隱理論。本質理論家認為智力是固有特質；你不是有，就是沒有，你擁有的份量很難改變。對照之下，增進理論學家認為智力有擴充性。當然，有些人比較多，有些人比較少，但增進理論家認為，幾乎所有人都可以提高智力，只要他們願意付出必要的努力。本質和增進理論學家的關鍵性差異，在於他們如何處理負面回饋。本質理論學家傾向放棄；因為他們認為自己沒有所需條件。增進理論學家傾向加倍努力。因此顯然後者比前者更能適應就學時難免碰到的挫折，而且有些適應得更快。根據研究發現，干預活動表揚增進心態的好處，對於學生的學業成績和學校表現有長久的正面影響，尤其對於那些更容易質疑自己成功能力的學生而言。干預可以簡短如一小時，期間學生不只學到採用增進理論的好處，還必須寫一封信向來年新生說明他們的學習成果。[2]

概括來說，有關職場和各種教育環境的研究，最常出現的主題是讓人體會尊嚴、認同或控制的過程，如何正面影響他們的表現、幸福感和與人相處的自在程度。這不算什麼新穎的想法，但創新之處在於如何讓想法更可行。一直以來，我們發現干預活動花不了多少時間和金錢，但能夠長期正面影響明顯重要的結果，例如在職場的生產力和士氣，在不同教育機關的表現和學業進展，以及在大學校園的社交自在程度。

組織改變和自我威脅

人在感覺自我威脅時，最可能從肯定自我尊嚴、認同或控制意識的過程中獲益。經歷改變是引發自我威脅的主謀，例如高中或大學剛入學時，或是剛進職場工作時。當然，換公司的經歷不僅限於加入的時間。如第三章所述，也發生在公司而非個人主導改變的時候，例如政策、文化、程序、技術等的變化。

以下是一名中級主管面對公司發生巨大變化時的反應，如裁員和重組，正好是組織改變威脅自我概念的典型代表，他說：「我熟知這家老公司、公司使命、公司營運、公司人力、公司文化。基於這個認知，我對公司和自我有認同感和信心。如今，我為新公司工作，規模是過去的四分之一。我發現自己很疑惑，我們是誰？我是誰？」

這話聽起來很沉重；絕不是快樂、熱情和動力十足的員工表現。事實上已有人提出，員工抗拒公司改變的根本原因是經歷自我威脅感。正如知名的改革管理大師布里奇斯（William Bridges）所言，「基本上，員工難以放手的是個人認同（在組織經歷轉變時期），認同阻礙了發生預期結果的改革之路。」[26]所幸是還有解救出口。因為改變感覺自我威脅的員工，如果**做點事**來自我肯定，他們就比較不會表現象徵抗拒的負面回應。進一步來說，自我肯定的場合，不見得要是他們一開始被迫產生自我威脅感的地方；只要是真實有意義的自我肯定經驗即可。

自我肯定經驗分為幾種不同類型，能夠抵銷自我威脅，進而讓員工更不容易抗拒組織的改變。建構無數可能的自我肯定經驗有二個面向：（一）經驗推動者和（二）經驗發生地點。有些自我肯定經驗可能是員工自己發起，有些由雇主推動。有些經驗在上班發生，有些在下班後，利用員工自己的時間進行。然而，所有經驗都能成為解除組織改革帶來的自我威脅經驗。考慮了一些例子以後，我們在四個象限內各別舉例，如同下頁圖4.1的2乘2表格所示。

圖 4.1／推動自我肯定經驗

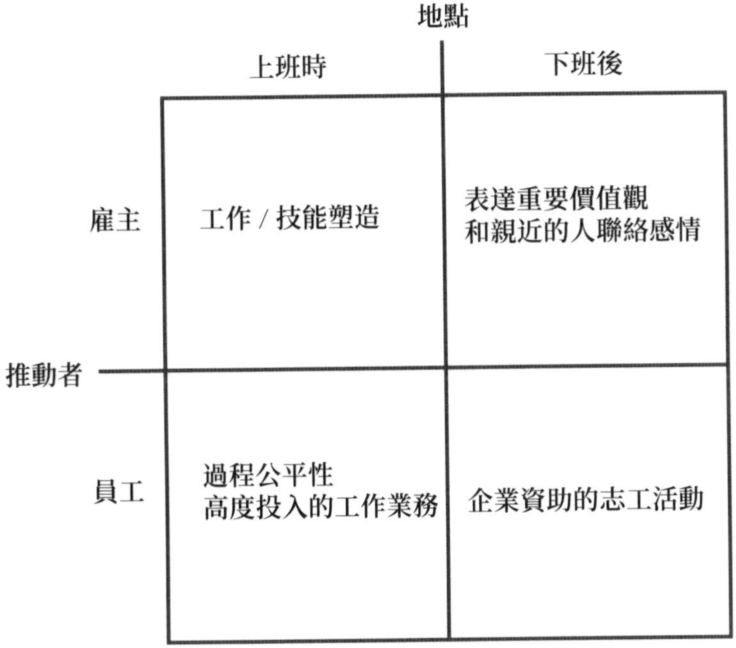

	上班時	下班後
雇主	工作／技能塑造	表達重要價值觀 和親近的人聯絡感情
員工	過程公平性 高度投入的工作業務	企業資助的志工活動

每個象限內的個別舉例反映自我肯定來源。

員工／上班時。

員工可以自行在辦公室實現自我肯定，我們在之前討論工作塑造部分舉過很好的例子。其實不管什麼工作，員工都能從容改變自己的工作本質和做事方式。由瑞斯尼斯基、格蘭特和其同事的研究顯示，塑造對於生產力和士氣的正面效應，在員工自發性改變工作（工作塑造）、認同執行工作所需的技能和成長（技能塑造）時，維持得最久。很清楚地，如結果所示，員工應該參與雙重塑造（工作和技能）。27

相對於穩定環境中已經建立的慣例，變動時期的員工更有空間參與雙重塑造。換言之，面對改變，他們不只**應該**做雙重塑造，還**能夠**做雙重塑造。例如我以前有個學生（莎拉）現在是一家銀行的中級主管，她一直想多建議自己的部門一些營運做法。不過在銀行裁員之前，她一直無法說服他的上司同意她的諸多建言。但裁員改善了所有狀況。因為做事的人變少了，如今她和其他同事都更有機會塑造自己的工作。

此外，莎拉承認為了實現她的事業目標，她必須改善領導技巧，所以她一直想參加外部的領導訓練課程。在裁員以前，她的老闆不支持她參加課程；不知怎地，每一年他都說參加課程的時機「不對。」然而，裁員之後，她的老闆承認在人力精簡下，領導階層真空會威脅到小組的長期生存能力。因此，年初時，莎拉又照常提出訓練課程申請，很高興這次老闆批准了。總之，雙重塑造引發自我肯定，然後導致員工生產力和士氣的長期正面效應。因此，我認為改變一開始特別是員工參與雙重塑造的大好時機，因為比起在穩定的環境下，體制這時更容易接受這個想法。

員工／下班後。

回想本章開頭提及的史蒂夫情境，這位小型企業主開始利用私人時間做義工，他把這當成處理事業低迷造成自我威脅的方法。做義工是抵銷自我威脅的好辦法，因為它讓人肯定自我。一方面，因為覺得自願服務造成有意義的影響，強化了尊嚴和認同。另一方面，有些做志工的人肯定他們個人照護和關懷的身份。當然，利用私人時間從事自我肯定的活動不只是志願工作。參與任何能夠反映堅定個人價值觀的活動，無論剛好活動和價值觀是什麼，都能夠強化認同感。

在一項典型的自我肯定研究中，參與者被要求排列不同價值觀的重要性順序：理論、經濟、美學、社會、政治和宗教各方面（請見附錄 F 的各項價值觀說明）。實驗組的人必須以紙筆簡要敘述最重要的價值觀，說明這些價值觀為何對他們而言很重要，或是他們能夠提出具體例子說明這些價值觀，相對地，控制組的人必須寫明他們最不重視的價值觀，或是完全不同的另一個題目。根據無數研究的結果顯示，實驗組比起控制組，更有能力處理各式各樣的自我威脅。

處理組織改革帶來的自我威脅時，或許可以根據一般自我肯定研究中實驗組使用的方法。他們需要釐清自己認為最重要的價值觀，一旦確定了，找到執行方式讓他們體會這些價值。比方說，滿足社會價值觀的一種方式是為別人做些好事，例如當志工。

滿足美學觀則是抽出時間磨練自己的藝術能力；另一個方法是幫別人創造條件培養藝術能力，這也是滿足政治價值觀的好方法。滿足理論價值觀的方法是參與某個重要的學習經驗（例如進修）。

注意這裡提出的所有自我肯定例子，都基於一個原則，**即人認為自己是獨立的演員，他們根據內在特質定義自己，不只包含價值觀，還有特質、能力和喜好**。然而，多數人在一定程度上（有些人在更大程度上）根據與身邊人的關係定義自我，例如家人或選擇的朋友。這就是所謂擁有互賴關係的自我構念（以下簡稱RISC）。高RISC的人，十分同意以下說法如「我的親近關係是『我是誰』的重要反映」和「如果我親近的人有重要成就，我通常會非常引以為榮。」

學者陳（Serena Chen）和鮑切爾（Helen Boucher）發現，體驗過自我威脅以後，例如知道他們的智力測驗成績很差的情況下，高RISC的人會用更多描述關係的字眼形容自己（「我是珍的最好朋友」和「我是家中的次子」），藉此作為自我肯定的形式；事實上，更多關係的描述代表自尊心越高。這些發現代表的含意是，想要消彌組織變革帶來的自我威脅感，或許我們能夠做點事來肯定「關係自我，」例如為一段重要關係做些有建設性的事。[28]柳波莫斯基（Sonya Lyubomirsky）在論及幸福的著作中提到，如果伴侶想要增加婚姻滿意度，他們可以嘗試每天花個幾分鐘讓另一半生活得更好。[29] 基於多數結婚人士（包括普遍性低 RISC 的人）根據和伴侶的關係定義自己，這樣簡單的婚姻貼心舉動，自然不只對婚姻有好處；這些舉動同時也抵銷了組織推動改革時體會到的自我威脅感，進而讓他們更有建設性地處理這個問題。

雇主／上班時。

組織改革採取裁員形式時，通常對於倖存員工的生產力和士氣有負面影響。但不是必然如此；這要看裁員過程處理的方式。在第三章我們討論過各種能夠導致改革過程處理良好的因素，無論改變的本質如何。接著我會延伸第三章重點，說明好的改革管理過程必須讓「倖存者」體驗到尊嚴、認同或控制。比方說，在今後幾天和幾週的裁員中，關鍵是員工必須相信規劃和執行裁員的過程很公平。在第二章我們討論執行公平過程的很多因素，例如是否事前通知，決定是否根據正確資訊，以及決定的理由是否解釋清楚。過程公平性的象徵價值也應該不容忽視。組織規劃和執行決定的過程公平，代表一個聲明——他們重視和尊敬員工。而感受到組織的重視和尊重，也進而正面影響員工的自尊。

高公平性的改革過程不只讓員工體會自我肯定。改革一旦就緒，他們長期渴望的是控制感。控制的感知能夠抵銷，或者可說消除改變造成的反效果。

我和幾名同事在評量組織忠誠度的研究中，曾針對一家來自南加州航空科技公司同部門的二組員工做實驗。一組目睹大規模裁員；一個月前百分之十的約聘人員都被迫離職。另一組沒有經歷裁員過程。二組人都要說明感覺控制程度，評量項目包含「針對進行工作的方式，我有強烈自主權」和「我對部門發展有強大影響力。」表明比較沒有控制感的員工中，經歷裁員的人，相較於沒有經歷的人，組織忠誠度很低。但是其中有高度控制感的人，完全沒有裁員破壞組織忠誠度的反效果。也就是說，感受高度控制能夠避免裁員對於組織忠誠度的反效果：就組織忠誠度方面，裁員彷彿沒發生過一樣，不留一絲痕跡。[30]

假設控制感這個自我肯定的本質，能夠降低裁員對於倖存者的生產力和士氣的打擊，裁員機構就必須想辦法增加倖存員工的控制感。其實只要以「高參與度的工作慣例」為前提，可行辦法很多。高參與度的工作慣例將控制權轉給員工，他們有權決定和獲得執行所需要的資源。高參與度工作慣例的例子包含半自主性工作小組，其中由成員而非主管擔任決定工作如何進行的角色，並且分享收益（斯坎倫計畫），這裡指的是員工因為工作表現優良得到的獎金。如果控制意味著肯定自己的作為有影響力，那麼收益分享也會提高控制感，讓員工明白表現優良不僅會帶來經濟效益，同時也讓他們深刻體會自己是公司成功的關鍵。

有關裁員如何影響組織生產力的研究，薩齊克（Christopher Zatzick）和艾佛森（Roderick Iverson）針對三千多家加拿大公司的高階主管，展開大規模調查。他們請高階主管提出組織裁員比率，以及組織是否使用六項特定高參與度工作慣例（如半自主小組和收益分享）。應答者也提供營收、花費和員工數等相關資料，方便研究人員進行客觀性公司生產力評估：營收減去花費，除以員工數。研究結果十分驚人。高裁員率公司，相比於低裁員率同類型的公司，由高參與度工作慣例到沒有參與度排列，生產力呈現大幅下滑趨勢。

然而，以樂觀一點的角度來看，繼續使用高參與度慣例的高裁員率公司，完全沒有呈現下滑趨勢；這些公司表現得還比低裁員率同類型的公司更好一點。因此，根據公司生產力的表現，只要公司繼續使用高參與度工作慣例，高裁員比率就會好像沒發生過一樣，不留下任何效應。[31]

雇主／下班後。

人類投入志願工作時會得到自我肯定，進而幫助他們處理工作上的自我威脅。這就是公司為何要贊助職場外自願服務的好理由。企業贊助志願服務至少可以在二方面讓員工體會自我肯定。第一，員工自願加入義工行列時，光是公司贊助他們促成此價值事業本身，即可感受尊嚴、控制或認同。第二，企業志願服務讓員工「經由社團」感受自我肯定。人類喜歡歸屬於做好事的團體，部分原因是這種歸屬感帶給他們自身的榮光。從社團給予自我肯定的觀點來看，員工不見得要做志工才能體會尊嚴、控制或認同；只要覺得自己屬於某個做善事的共同體就夠了。正如「關係自我」指的是人類根據和親密的人之間的關係定義自我，人的認同感也基於這種「集體自我，」也就是他們所屬的團體。基本上我們這樣假設，「如果團體做了值得表揚的事，而我是其中一員，那麼我也值得表揚。」

希尼爾（Deanna Senior）、威爾許（Will Welch）和我的共同研究發現，企業自願服務透過上述二種途徑達到自我肯定。我們請問大型製藥廠員工，他們過去一年多常參與企業贊助的志工計畫，例如美國心臟協會舉辦的「護心健走（Heart Walk）」聯合勸募活動。員工也要估算他們體會的職場尊嚴（評量項目如「我覺得自己是有工作能力的人」），職場認同（如「我覺得我很清楚自己在職場的角色」）和職場控制（如「我覺得自己有機會在工作上大顯身手」）。我們把員工對組織的忠誠度當作評估生產力和士氣的指標，同時也評估他們認為雇主對於企業志願計畫的熱誠。員工越投入志願工作，他們越可能得到自我肯定，他們越感到自我肯定，給予組織的承諾就越多。此外，除了他們參與企業志願服務的頻率以外，他們越認為自己的雇主熱心於自願工作，他們越能體會自我肯定，同時也有更高的組織忠誠度。[32]

有些組織不太願意去鼓勵員工參與志願服務。他們也許認為此事與他們無關：如果員工想做志工，他們可以自己安排，利用自己的時間做。企業也可能顧慮到成立這類計畫所需分配的資源，或是他們可能擔心造成員工投入其他工作，進而減損他們對組織或工作的忠誠度。其實最後一點根本不用擔心：根據研究顯示，參與企業自願活動不但不會減損、反而還會提高組織忠誠度，部分原因是人在做組織讓他們方便進行的好事時，會產生自我肯定感。

和工作一樣，這也不過是人生的一部份。人類想要確定工作投入和工作滿意度，但或許他們更想要的是**人生**投入和**人生**滿意度。有些組織決心幫助員工徹底思考他們的事業成長和發展路徑。超前思考的組織更進一步：他們主動幫助員工釐清人生成長和發展路徑。這是員工與雇主的雙贏局面。員工建立更好的方向感。雇主得到更有向心力和士氣的員工。這也正是一家電力公司採取的做法，他們將此作為重大改革管理工作的一部份，藉此逆轉公司岌岌可危的狀況。以下是這家公司總裁在管理學會年會的演說內容：

> 多年來，很多公司要求員工放棄自己的人生和夢想——擁有工作自我和個人自我。這根本不切實際！我們想幫助員工找到平衡。我們希望他們變成更完整、一致的人。唯有如此，他們才能發揮最大的人類潛能。首先，我們設法讓他們發揮自我潛能，提出他們從未想過的可能要求。第二，我們設法引導他們利用那項潛能協助公司超速競爭。比方說，我們鼓勵員工不只為他們的工作，也要為自己的人生制訂戰略計畫。因為當競爭處於白熱化之際，我們希望他們集中精神。我們希望他們在個人尖峰狀態下思考、學習和執行，不必擔心家裡的問題。我認為這些事情是決定勝負的關鍵。[33]

其後，這家公司提前整整二年達到營業目標。和許多組織改革方案一樣，這家也有很多改革特質，所以很難確認那些更是達到成功的因素。不過基於本章所述內容，我認為員工接受提案的其中主因，一定是提案執行方式讓他們感受到自我肯定。

實踐自我肯定理論：注意事項

受到自我肯定理論啟發的研究成果，看起來好像過於美好，以致於沒有真實感。自我肯定明顯能夠積極影響重要結果，例如提升員工的生產力和士氣，以及學生的學業成績。此外，這些正面影響還會持續下去。以自我肯定方式進入公司的員工，連續六個月以來表現良好，而寫過有關個人意義價值的文章的落後學生，接下來幾年學業皆有進步。「你付出多少得到多少」的說法，代表需要付出昂貴代價得到這樣的效果。但是自我肯定的例子不需如此。

這些活動不需要花費很多時間和金錢，例如新進員工訓練期間多花一小時，雙重塑造的二小時小組討論，或是在中學教室裡，整個學年穿插幾次十五分鐘的寫作練習等，就可以帶來強勁持續的顯著效果。事實上，一點點自我肯定可以走得更長遠，也就是說人應該自我肯定，尤其在體驗尊嚴、認同或控制威脅時。

話雖如此，要真正實踐自我肯定理論，說的比做的容易，理由和本書主旨有關。事情不只是作些自我肯定的事那麼簡單。而是做事的方式決定了自我肯定程度，進而決定收穫多寡。前面圖4.1描述的活動和事件，絕大部分如工作塑造和自願工作都和內容有關；他們代表人和組織可以做**什麼**，以便促成自我肯定。然而，和內容同樣重要的是過程，也就是說**如何**進行。不管自我肯定由員工或雇主推動，或是發生在職場內或以外的地方，進行的方式，都必須讓人能夠體會內在而非外在動機。

發自內心

內在和外在動機之間的體驗有二種區別方式。一是開始的行為，另一個是行為的結果。首先，人類認為自己必須負責發起某個行動時，他們體會內在動機，然而如果他們認為自己是為了因應外在因素而行動，體會的是外在動機。第二，進行活動的本身即是收穫時，他們體會到內在動機；本身即目的。而進行活動的本身不是目的而是手段時，他們經歷外在動機。研究顯示有關圖4.1描述的活動，如果進行方式讓人體會到更多內在動機，而非外在動機，那麼他們會更加自我肯定，也會得到更多好處。同時員工和雇主**如何**順利進行這些活動，也有幾個「該做和不該做的事」。

雇主可以用兩種方式讓員工自我肯定，根據他們的作為，例如發起自願服務計畫，以及做法，例如決策過程保持高公平性。組織無論有什麼作為，只要行動讓員工認為發自內心，也就是真誠，不受外部因素影響，自我肯定的可能性越高。舉例來說，如前所述，如果員工認為雇主真心想要投入志工活動，他們會更加自我肯定，也因此對公司更有向心力。羅絡夫（Kate Roloff）、威森菲爾德和我在相關研究中發現，管理者若是本身想要表現公平，相較於遵從外部指示表現公平，員工從過程高公平性待遇得到的收穫更多。[34]

我們也討論過，組織裁員後高參與性的工作慣例如何成為自我肯定的來源，進而激發員工的生產力和士氣（請見稍早提到的薩齊克和艾佛森研究）。如同被視為發自內心的活動更能自我肯定的概念，向來讓員工參與決策的公司，如果在裁員後繼續遵循高參與性的工作慣例，員工的向心力則不變。對比之下，過去沒有讓員工參與決策的公司，在裁員之後才開始做，較不可能培養員工的高忠誠度。但這不是說之前沒有高參與性工作慣例的裁員組織，裁員之後，也不必費心建立高參與度工作慣例了。相反地，他們需要一段時間讓大家看見這樣的慣例發自內心，進而自我肯定；畢竟舊名聲扭轉不易。

本身即目的，而非手段

根據一些近期研究顯示，當活動本身即是收穫，而不是為了得到另一個更外在形式的收穫的手段，人更會自我肯定。有個研究巧妙命名為「非所有自我肯定皆平等，」奚莫爾（Jeff Schimel）等研究人員比較了兩種不同形式的自我肯定：內在和外在。如本章一開始彼得的案例，這名主管開始有了教課的自我肯定經驗以後，變得更能接受挑戰性資訊；自我肯定讓他們面對與自身理念或態度抵觸的諮詢時，防衛心降低了不少。如我們在一連串研究中證實，自我肯定對於面臨自我威脅時的表現好壞有正面影響。奚莫爾根據二種不同自我肯定類型，研究它們如何影響人類面對威脅性資訊的開放程度和任務表現。參與研究的大學生首先必須排列各種定義自我方式的重要性順序，例如藝術家、運動員、學生、醫生、幽默的人和企業家。

接著，他們必須在六個句子的前半部空格填入他們最重要的自我定義，然後完成句子其餘的空白部分。半數參與者看到的句子陳述方式，寫完後看似會凸顯內在自我肯定的想法。比方說，「身為＿＿讓我覺得＿＿」可以這樣回答：「身為企業家讓我覺得有創造力和機智，」以及「身為＿＿反映我真實的＿＿」可以回答如下：「身為醫生反映我真實的個人價值。」

至於句子的後半部，寫完後會想起外在自我肯定想法，類似句子如「如果我是成功的＿＿我會得到＿＿」（例如「如果我是成功的企業家，我會得到很多錢」）以及「如果我是優秀的＿＿，別人會＿＿」（例如，「如果我是優秀的醫生，別人會欽佩我」）。

第一種句子讓人關注自我肯定本身即是收穫的重要性，第二種句子讓人思考自我肯定可能是獲得其他好處的重要手段，例如得到金錢或好名聲。所有參與者接著進行一個任務。之前他們剛評估了外部因素對表現的影響，例如時間壓力或任務的難度。對於擔心任務表現的人，表現防衛性或自我保護的做法是，事先表明表現好壞取決於這些外部因素。研究結果顯示，人得到的細微待遇差別（也就是說，他們寫完句子會思考內在還是外在自我肯定），對他們的防衛心和任務表現都有很大的影響。完成論及內在自我肯定句子的人，相對於完成思及外部自我肯定句子的人，比較不會將之後的任務表現牽扯至外部因素；而且表現也比較好。[36]

如果得到潛在自我肯定經驗的做法，帶有某種達到目的的手段含意，就失去了某些意義。記得史莫利（Stuart Smalley）嗎？由弗藍肯（Al Franken）飾演的《週末夜現場》中的角色？他在「天天讚（Daily Affirmation）」短劇表演中，對著鏡子大聲說，「我夠好了，我夠聰明了，真的很煩，大家都這麼喜歡我。」這個習慣的笑點在於史莫利為了讓自己好過一點，「肯定」的動作做得太明顯，以致於讓人無法相信有任何效果；這種行為非常不自然、不真實，或是並非發自內心。

實際上，根據研究指出，人如果認為從事某個活動，目的是為了讓自己覺得好過一點，而不是從事活動本身即為目的的話，他們就無法體驗幾近同等的自我肯定。在謝爾曼（David Sherman）、科恩和其同事的研究中，他們觀察人如何面對與自身觀念相反的資訊。更具體地說，強烈認同自己是「舊金山巨人隊」球迷的人，看到一篇關於批評當時該隊陣中的明星棒球員邦茲（Barry Bonds）的評論。該評論認為，因為邦茲可能是增強體能藥物的使用者，他在棒球選手的成就不值得表揚。閱讀此評論前，參與者隨機被分為三組。一組參與自我肯定活動，評價一些個人價值觀的高低，然後寫出為何他們評價最高的價值觀對他們而言很重要，還有描述證明該價值觀很重要的情況。第二組寫出為何他們評價最低的價值觀可能對別人而言很重要，並且附加例子說明。

第三組和第一組做一樣的事。但是強調自我肯定練習為了「達到目的的手段」特質，這組參與者事前被告知「寫作活動旨在讓你覺得自己更好，並且增加自我尊嚴。」

研究結果顯示，做了自我肯定練習的人，比起沒有做的人，比較不會害怕，或者比較能夠接受該評論。為了讓自己感覺更好而進行自我肯定練習的那組呢？他們比沒有自我肯定的人更開放，但比第一組進行標準自我肯定練習的人更不開放。[37] 有點諷刺地的是，刻意做什麼來提高自我尊嚴時，實際效果反而更差。

該做與不該做的事

「過程很重要」概念的必然結果是「魔鬼藏在細節裡。」實現自我肯定理論的承諾需要注意做事方法，尤其自我肯定方面需要培養的是內在動機經驗，而非外在動機。無論自我肯定經驗由員工或雇主推動，或者發生在職場或其他地方，道理都是一樣的。

員工如果想要自我肯定過程來自內心，他們「該做」的重要事項是釐清自己最重視的自我特質。他們需要回答這類問題如「我有什麼特質？什麼特質真正代表我是誰的感覺和我代表什麼？」無可否認地，回答這些問題是一生的課題。思考問題的其中方式如下：我希望別人如何在我的葬禮時回答這些問題？我們越清楚什麼對我們很重要，越容易達到來自內心的自我肯定。如果我們很清楚自己是誰和激發我們的因素，我們越可能朝向真實面對自我的方向。因此，我們也越可能體會內在動機的兩大重點：（一）認為自己所作所為由自己負責，而非外在強制，（二）體驗我們進行的事情本身就有收穫，而不是為了得到某些外在獎勵的手段。

同理可證，「不該做」的事項是不隨波逐流。別因為大家都在做，或是做了會有其他形式的報償，就去做乍看之下自我肯定的事。參與企業發起的志工服務計畫就是個好例子。之前我談過的研究發現，做越多企業自願服務的員工越容易自我肯定，進而對組織做出更大的承諾。然而，事情不只是員工做**多少**企業自願服務影響他們的自我肯定感而已。重點是他們第一時間自願服務的**個人動機**。

如同學人克拉里（Gil Clary）、史奈德（Mark Snyder）和其同事發現，人為了許多不同理由做志工。有些例子是志工活動本身就是獎勵來源。為了如此「體現價值」的理由做志工的員工，非常同意這類聲明如「我覺得幫助有需要的人很重要」和「我可以完成個人很重視的志業。」其他員工把自願服務當成達成目的的手段。例如他們非常同意這類聲明如「志願服務有助於我事業的發展」和「自願服務可以幫助我到達想要工作的地方。」[38]

希尼爾、威爾許和我一起研究的結果顯示，員工若是更發自內心或為了體驗價值從事自願服務，他們會越有自我肯定感。同時，因為外在因素參與自願服務的人，例如想要事業更有進展，無法產生自我肯定感。當然，人想要事業有所進展無可厚非。但是，如果是為了幫助事業做志工，他們較不可能體會自願服務是自我肯定的感覺。更廣泛來說，我們在做些潛在自我肯定的活動時，我們怎麼進行的方式，包括我們進行的理由，都會決定我們實際感覺到多少自我肯定。[39]

同樣地，當事件、活動或經驗由雇主而非員工推動時也是如此。組織提供機會給員工感受自我肯定時，「該做」的重點是表明他們真心致力於幫助員工感受自我肯定。舉例來說，雇主可以表明志工計畫純粹是對社會負責的行為模式，由此證實他們真心投入計畫。儘管許多企業自願服務計畫的預期受益人是組織所在的更廣大群體，但是承擔社會責任的機構還有其他的潛在受益者，包括自然環境和消費者。雇主能夠和應該幫助他們的員工「串連」企業社會責任計畫的各種活動。

正如我和同事發現，員工認為雇主越熱衷於企業自願服務計畫，他們越覺得自我肯定，我的直覺是只要員工認為雇主致力於社會責任活動工作，他們都可能感到自我肯定。對員工而言，不管是何種類型的慈善活動，身為良心組織的一份子，這感覺太好了。

雇主還要注意另一件「不該做」的事，那就是不要**過分強調員工參與潛在自我肯定活動後，預期能帶來什麼心理方面的好處**。

舉例來說，根據研究，人自我肯定時感受的壓力比較小，包括生理方面。謝爾曼和其同事發現，原本大學生認為「最讓人緊張」的考試，在考試前二週請他們寫下個人認定的重要價值觀以後，相對於沒有寫出個人重要價值觀的控制組學生，他們的身體壓力指數比較低（體現在尿液的兒茶酚胺排泄物）。[40] 即使自我肯定能降低壓力，我也不建議將自我肯定活動推廣為「壓力解除劑」或「自我肯定促進劑。」如果自我肯定活動根據預期正面結果而設計，反而會減少效益，如針對舊金山巨人隊棒球球迷的研究指示，他們在參與自我肯定練習前，已知研究目的是提高自我尊嚴，因此研究結果反而沒有得到預期效果。一方面，「連結」有其必要，因為要讓員工釐清雇主發起的各種自我肯定來源相互的關係。另一方面，「連結」沒有必要，如果這麼做包含讓員工知道雇主發起的自我肯定活動，和參與活動預期得到的心理效益有關。

本章摘要

本章我們思考用不同方式判斷決策過程是否妥當。與其強調過程特質如公平性或堅持各種改革管理規定，我建議必須觀察接受方的心理狀態。高品質過程會讓人體會自我肯定。從員工進入公司到離開的階段，以及之間的任何時間點，決策處理方法都會影響他們的尊嚴、認同或控制感。他們在過程中越感到自我肯定，生產力和士氣就會越高。在中學課堂和其他教育環境裡，容易體驗自我威脅的人在體驗自我肯定後，學業成績會提高。值得振奮的是，自我肯定對於職場和教育機關的正面效應，可以持續好幾個月，甚至好幾年，但不需要花費很多金錢、時間或心力。

既然自我肯定有如此有利的成本效益關係，思考如何促進自我肯定有其必要。自我肯定可能由員工或雇主主導，可以在職場或外部進行。它不只對經歷的狀況有正面影響，也可能進而對人生其他重要領域產生正面效應。舉例來說，少數中學生在歷史課的自我肯定經驗，不只改善了他們的課堂表現，也提升了他們所有科目的表現，而且還持續好幾年。實驗研究顯示，肯定重要個人價值觀，有助於處理和個人價值觀無關的自我威脅。在職場上，在某個場合體驗到有意義的自我肯定，能夠持續在其他工作領域發揮正面效果。實際上，在工作以外的地方體會自我肯定，也可能轉而提升員工的生產力和士氣。

鑑於如此有利的成本效益關係，決定用什麼管理方式讓人感到自我肯定，不過是很簡單的事。然而，本書的所有訊息一再提醒我們，人很容易被事情的進行**方式**影響，而不只是做什麼事。自我肯定管理也一樣。對此，全球最有影響力的自我肯定學者謝爾曼給了一個精彩的註解：「雖然肯定干預有大規模的效益，我們建議應堅持小規模的細微之處。」[41] 謝爾曼說的是，將自我肯定理論應用於實際行動時，必須特別注意「做法。」為了付諸實際行動，我已盡力明確指出自我肯定體驗需要什麼條件，達到小規模的細微之處。

重點在於：雇主或員工必須以兩種方式激發內在動機。第一，**活動發自內心**。比方說，雇主必須提供企業自願服務機會，或者以高公平性過程對待員工，原因是他們認為這是對的事，而不只是為了遵守外部的指示。第二，**參與活動時，員工必須認為活動本身就是獎勵，而不是作為其他目的的手段**。比方說，因為這個理由，潛在自我肯定活動不應該根據其正面預期效果，歸類成「壓力解除劑」或「自我尊嚴興奮劑」等標籤。像《週末夜現場》的「天天讚」角色史莫利，就完全是錯誤示範。

第5章

就道德面而言，過程一樣重要

如今大家都明白，過程處理得好的管理者有好事發生，處理得不好就大事不妙。無論這個過程指的是類似公平性的特質，或是接受方的經驗，員工生產力和士氣多半取決於處理事情的方法。如果這樣還無法讓你相信高品質過程很重要，那麼我們來討論一個更重要的概念：道德面。

處理事件和決策的方式也會影響員工能否合乎道德行事。我不斷地提到，高品質過程讓員工有動機，並且有能力做好自己的工作。但是強烈的動機和能力並無法保證他們在工作時遵照道德行事。舉例來說，安隆（Enron）的員工在公司興盛時期也許都充滿熱忱和具備工作能力，但是至少有一些人的行為根本沒有道德可言。

為了激勵軍隊，主事者經常傳達結果導向訊息，例如「「我不管你們怎麼做到，但非得做到不可。」或是「目的即是手段。」當然，身為以結果為目標的管理者很好；否則你無法在商場上長久立足。然而，這個目的即是手段的訊息有個潛在缺點，那就是員工可能會找不到依循的道德方向。他們或許會認為，只要能積極提升營業額，即便說謊、欺騙或偷竊也無所謂。

塔夫勒（Barbara Toffler）在其著作《決算安達信：野心、貪婪與倒閉》（Final Accounting: Ambition, Greed, and the Fall of Arthur Andersen）描述的知名專業服務公

司，正好是很恰當的案例。[1]（順便一提，安達信負責安隆的審計工作。）

安達信公司並非素行不良，早期他們以道德堅持聞名。傳說這家公司年輕的安達信（Arthur Andersen）（二十八歲）曾對一家負責審計的公司高階主管說，他不可能為了批准公司的帳務說謊。雖然這讓它損失了一名客戶，但安達信跟那位主管說，「芝加哥市的錢也引誘不了我竄改報告。」學者崔唯諾和布朗（Michael Brown）大約十年前有篇文章，就精彩描述了安達信的道德文化如何由早期的高標準跌至谷底，導致最後的滅亡。如塔夫勒引述崔唯諾和布朗的文章，該公司衰敗的主因是「公司利潤逐漸來自管理顧問而非審計業務。早期領導階層的道德堅持，已經因為公司逐漸專注於營業額而消失殆盡……服務客戶開始定義為讓客戶滿意和得到利潤的業務。至於傳統（意指符合道德的經商方式）已經變為無條件服從夥伴，**無論他們被要求做什麼事**。例如，管理階層和事業夥伴應該要浮報價格。顧問工作的合理估價就是兩倍…而顧問被告知要遮掩數字。」[2]（附加強調）。

假如過程會影響道德面，那麼我們有必要檢討影響道德面的過程因素。有些影響員工生產力和士氣的過程面向，其實也會影響他們表現的道德性。比方說，第二章思考過程公平性的重要性，第四章討論影響員工自我定義，包含尊嚴、認同和控制方面的職場過程。我們接下來會發現，前述這些和其他過程因素也會影響員工的道德面。

再舉個極端例子來說，**處理不好的過程，可能引發非常嚴重的不道德行為**。雖然如果員工認為裁員過程處理不當，有些人會按鈴申告公司不當解雇，但是仍有極少數人會使用暴力自行執法，甚至意圖謀殺前任上司或前同事。幸好一般來說，多數的行為沒有那麼誇張。比方說，我聽說過一名在結算部門上班的員工，因為不滿公司在沒有提早通知下就將他解雇；離職前最後一週，他在顧客的帳單上寫下「他們是白癡」才會和這樣的公司來往。儘管多數的不道德行為模式，沒有像職場暴力那樣極端，但是我們也不能小看累積的後果。

記得那位「湯姆」嗎？那個第二章開頭提到的製造廠員工。湯姆從未想過離職，直到公司要求他接受幾個月的減薪。根據研究顯示，類似湯姆的例子，他們決定去留的標準，包含伴隨減薪的過程因素。由公司執行長花時間解釋減薪的必要性，並且表達必須出此下策的無奈心情，比起由較低階層的主管用比較粗略的手法進行同樣的減薪動作，自動請辭的機率會低很多。針對我們目前討論的重點，同樣的研究也顯示，過程考量會影響員工道德標準：如果伴隨減薪的過程處理得好，他們比較不可能竊取雇主資源。[3]

崔唯諾和威佛（Gary Weaver）針對四家公司和數千名參與者所做的大規模研究發現，員工的公平性感知是超強的預測指標，可以決定他們參與多少各式各樣的不道德活動，還有一種重要道德活動。不道德活動包括未經授權擅自使用公司資源、虛報帳目開銷，和打電話請病假等，道德活動包括向上司舉報他們看到的錯誤行為。員工如果認為主管給予他們更多尊嚴和尊重，他們就比較不會做出不道德行為，而且更可能舉報違反道德的行為。[4]

有些過程因素與公平性不直接相關，但也會影響員工的道德表現。有些組織使用三百六十度績效評估過程給予員工回饋。如果做得好，三百六十度回饋過程可能不只會提高主管效率，也會提高他們的道德感，原因有二。

第一，三百六十度回饋強調**如何**領導和管理。因此，如果組織很重視三百六十度機制，主管知道他們的薪水受到三百六十度回饋影響，那麼意思表達得很清楚：過程是重點。如果管理者知道雇主不只重視結果，也很重視如何得到結果，違反道德的事就比較不會發生。

第二，接受回饋有可能讓人的注意力轉向自己，例如，他們怎麼沒有表現得如預期好。接受同時來自各方的回饋是三百六十度的其中過程，這點可能會加強自我聚焦，尤其在各種不同資源指向同一種訊息時。我們對著鏡子看的時候，不會只注意自己的某個地方。

舉例來說，即使三百六十度回饋剛開始可能很關心行為達不到預期水準的情況，但我們也可能開始思考有關自己的其他面向，包括我們自己對於適當行為的標準。既然多數人認為遵守道德規範很重要，自我關注的可能效果是表現道德的行為。有個方法經過反覆驗證後，證實可以評估行為是否符合道德，那就是「鏡子測試（mirror test）。」回顧自己過去的行為，或是展望未來時，我們必須問自己，「我能夠看著鏡子裡的自己，尊敬我在鏡子裡看見的那個人嗎？」

影響道德面還有另一個過程面向是做出決定的**時間點**。比方說，員工決定的當下時間，可能影響他們道德表現的可能性。你認為員工比較可能在一天的稍早，還是晚一點的時間有道德表現？我們等一下再來回答這個問題。現在我們先討論一些影響員工生產力和士氣的已知過程面向，如何影響他們表現道德的傾向。

過程公平性影響道德性

哲學家和心理學家很早就注意到，道德性和過程公平性有一些共同點。有些人甚至提出，如果過程違反了道德標準，過程就不可能公平，就像如果決策來自錯誤的資訊或無法代表相關人士的觀點，過程也不可能公平一樣。其他研究也顯示，人類想要得到高過程公平性待遇的其中原因，即是渴望確定道德價值。

當然，有些渴望高過程公平性待遇的原因解釋，和道德標準沒有直接關係。這類解釋假定高過程公平性是達到其他重要目的的手段。比方說，如果有人認為時日一久，他們很可能得到均分的有形成果，所以更喜歡高過程公平性。[7] 或是他們為了確保得到尊重，更想要高過程公平性。[8] 儘管如此，若是以義務論來解讀道德學，選擇高過程公平性不是因為它是達到目的的手段；而是它本身即是目的。

簡而言之，高過程公平性是符合道德的事。和義務論一樣的道理，人類重視道德的程度，影響他們對於自己是否被公平對待的反應。人越是根據道德認同自我定義，比起低過程公平性，他們在得到高過程公平性待遇時，越有可能做出積極回應。[9] 總之，過程公平性在幾個方面和道德標準重疊。渴望公平性的程度是渴望道德標準的指標。

進一步來說，他們表現的公平程度是他們的道德表現指標。

公平性也有社會感染力。在各種情境下，人被對待的過程公平性，會影響他們以多少過程公平性對待他人。鑑於他們個人的過程公平性行為反映自身的道德標準，因此我們可以說，員工被對待的公平性也會影響他們本身的道德標準。

回報

在有些例子中，得到些微公平待遇的接受方，他們的公平性行為會直接回饋給首先表現些微公平性的對方。這是崔唯諾和威佛的研究案例，其中顯示當員工看見雇主對他們表現高過程公平性，他們會對雇主表現更有道德性的行為。

再舉一個關於回報的例子，斯卡爾利基（Daniel Skarlicki）和其同事做的近期研究顯示，顧客對待員工的公平性，影響員工對待顧客的公平程度。在這次研究中，顧客越是不尊重客服中心的員工，例如對他們咆哮或使用貶抑的語言（如「你這個白癡」），員工越會以不尊重的方式回報他們，例如掛顧客電話，讓他們在電話另一頭等很久，或是蓄意轉到錯誤部門。[11] 下次身為顧客時，你發現自己差點要對商家無禮時，你可能會因為受到熱情招待（絕不誇張），進而想起這些研究成果。

往下傳承

在其他場合裡，接受過程公平性的人，不只是直接把公平性回報給原來的行動者，同時也會回饋給其他人。例如，中級主管是接受直屬上司過程公平性的一方，也是給予直屬部下的另一方。一般來說，中級主管接受上司多少過程公平性，他們就以同樣程度施予下屬；這就是所謂的「涓滴效應。」

安布羅絲（Maureen Ambrose）、施明克（Marshall Schminke）和梅爾（David Mayer）近來證實了過程公平性的涓滴效應。由各行各業的管理者評估上司對他們的公平性。同時這些管理者的下屬也評估小組的公平性趨勢，結果他們的評估很類似管理者對直屬上司的回饋，由此證明管理者將他們受到的過程公平性待遇傳給了自己的下屬。下屬對於公平性的認知，也影響他們對待自己同事和組織的道德標準。比方說，判定小組環境比較公平的屬下，更可能做出道德正確的事，例如如果沒辦法上班時會事前告知。他們也比較不可能對自己同事和雇主做出不道德行為。例如，認為環境比較公平的人，比較不會公然讓同事下不了台，或是未經允許拿走辦公室財物。[12] 鑑於公平性／道德性涓滴效應的重要利害關係，無論就理論或實際面，我們都必須慎重思考其發生原因。和所有行為一樣，公平性／道德性涓滴效應取決於人的動機和能力。

特別在經由互惠引發動機和利用學習得到能力方面。

互惠引發動機

所謂互惠準則，意指期望人類會根據自己所接受的待遇（無論好壞）對待他人。思考激發互惠的諸多理由，已經超出我們的討論範圍。古爾德納（Alvin Gouldner）等社會學家提出，互惠準則帶來穩定的社會制度，然而進化論心理學家認為，互惠是物種的求生價值。[13]不管如何，普遍的共識是互惠是主宰社會互動的最有利準則。因此員工被對待的過程公平能夠鼓勵他們禮尚往來。在「回報」部分的例子中可以看到這種可能。比方說，理所當然地，顧客給予員工的尊重多寡，影響員工尊重顧客的程度。

更有趣地是，接受方不只回報施予方，還將自己的行為傳給第三方時，互惠動機也同樣奏效。沃（David Wo）和安布羅絲提出，被上司公平對待的管理者，也覺得有義務公平對待他們的員工。其中原因是管理者看待上司為組織代表，因此，當上司表示公平待遇，等於是代表組織的意思。管理者給予組織的互惠方式是公平地對待自己的下屬，因為這樣的待遇可能引發屬下支持組織的回應。

互惠原則也適用於管理者判斷上司不公平對待他們的時候。管理者會設法和上司**旗鼓相當**，同樣不公平地對待下屬。以低過程公平性對待自己的下屬，可能會讓屬下變得消極，因而讓他們更不可能支持公司。此舉會進一步懲罰到上司，這位他們視為組織代表的人。[14]

學習得到能力

基於掌權者是旗下成員的典範，公平性／道德性涓滴效益也是學習過程的結果。班度拉說過，多數行為不透過直接經驗學習，而是藉由觀察示範的行為得知。管理者學習他們應該對待屬下的過程公平程度，取決於上頭如何對待他們。[15]特別值得玩味的是，負面行為也會被下屬仿效。在職場上，不太友善和咄咄逼人的上司，他們的下屬都更可能表現不道德行為。負面榜樣是一把雙刃劍。一方面，作為**不可**效法的有力提醒，鼓勵觀看者反其道而行。

另一方面，他們的行為提供**可以**（注意：不見得應該）如何表現的線索，因此觀看者可以仿效學習。對於人生經驗較少、沒有很多榜樣的人來說，這些負面行為會變成一種默認行為。

不只涓滴效應

管理者從上司那兒繼承的過程公平性，也可能影響他們對下屬以外的人的公平與道德標準，例如同儕或顧客。如安布羅絲和其同事所言，上司的公平性行為會影響團隊的公平性氛圍，提供成員大致對待同事的公平原則，而不僅限於直屬下屬。同樣地，近來CEB公司（Corporate Executive Board）也進行一項跨組織研究，探討建立誠信文化的有利因素。在七項如釐清期望和開放性溝通等主要動力中，最有效果的當然是組織正義，這點指的是組織如何一致且迅速地回應不道德行為。員工越常看見雇主利用組織正義處理違反道德事件，誠信文化越容易建立。如此員工本身更不可能行為不端，反之甚至更可能舉報他人的錯誤行為。簡而言之，過程公平性的效果，不只會形成涓滴效應，逐漸往下影響管理者對待下屬的方式；同時也會「連帶」影響他們對待其他人的方式，例如同儕和顧客等。[16]

整體自我誠信影響道德標準

我們在第四章討論過，加強整體自我誠信的過程，也就是認為自己有認同、尊嚴和控制感，會如何正面影響員工的生產力和士氣。接下來我們要討論的是，影響員工整體自我誠信的職場過程，同時也會影響他們的道德標準。根據研究顯示，對待別人的方式如果比較無法讓對方有認同、尊嚴和控制感，他們會表現得較不道德。

在一項研究中，吉諾和其同事評量參與者在可能得到金錢利益的條件下，謊報業績的傾向。說謊直接和人類感覺和真實自我脫離的程度相關，例如他們有多同意以下敘述：「現在，我真的不了解真實的自己。」

引導人脫離真實自我的做法本身就非常有趣。這次所有參與研究的人，都必須戴上時裝設計師 Chloe 的名牌太陽眼鏡。研究人員假裝要測試大家使用仿冒品的反應，告訴半數的參與者他們戴的太陽眼鏡是冒牌貨，另外一半則告知是真貨。即便大家戴的眼鏡是真正的設計精品，但結果顯示被引導認為自己戴假貨的人，認為自己離真實自我更加遙遠，進而導致更會說謊。如研究人員所說，「我們懷疑覺得自己受騙的人，更容易欺騙別人。」

另一個以自尊而非認同感作為主要自我認知的研究中，參與者得到有關人格測試作答反應的回饋。其中半數參與者得到負面回饋（如，「你的個性比較不穩重，面對壓力和緊張情況時無法保持沈著冷靜，而且很自私」），而另外一半得到正面的評價；根據推測，得到負面評價的人比起得到正面評價的人，更容易覺得自己很糟。如果在後來的研究中有作弊機會，那些被誘導成「相信自己不好」的人，更有可能做出欺騙的事。[18]

正如認同和尊嚴的自我認知對道德面的影響，人對控制的信念也有同樣作用。多數人堅信自由意識觀念，行為根據自我意志產生。然而這個基本概念還是會隨著情況變化，進而影響我們的欺騙傾向。沃斯（Kathleen Vohs）和斯庫勒（Jonathan Schooler）要求參與者思考強調自由意識或反之的決定論敘述。比方說其中一個自由意識敘述是「我能夠克服有時影響行為的遺傳和環境因素，」而決定論敘述是「自由意識的信念，有違宇宙由科學法定原則主宰的已知事實。」這二組人接著執行一個任務，然後評估自己的自由意識（如他們多同意類似敘述如「人完全可以控制人生的決定」）。他們也說明自己的任務表現；不實誇大自己的表現，可以賺更多錢。得到決定論敘述的人，比起思考自由意識敘述的人，更不容易感覺到自由意識，因而更可能謊報自己的表現。[19]根據他們的發現，筆者推測一九六〇至九〇年代學生作弊風潮興盛，其中原因和那段時期很多人認為他們無法控制行為結果的看法有關。為了補充自由意識如何影響道德標準的實驗發現，巴薩夫（E. Boshoff）和范里爾（Ebben van Zyl）針對南非一家金融服務業者進行實地調查，結果顯示，看待自己沒有行為自主權的人，或是認為自己的行為對結果影響不大的人，更可能做出不道德行為。[20]

影響人的認同、尊嚴和控制感的過程，為什麼也會影響他們的道德層面呢？答案也許因人而異。舉例來說，人的注意力如果被引導遠離自我認同或他們的身份，他們就更難利用個人標準主導行為，而且也更不受其影響。多數人有強烈的是非觀念，對有些人來說，道德心甚至是他們自我定義的根本。（下一小節，我會說明一個你可能想做的測試，內容是道德程度對個人認同感的重要性。）

注意力的自我控制程度，也影響人依賴個人行為標準的程度。有趣的是，連細微的環境因素也可能影響注意力的自我控制程度，進而影響其道德標準。有個研究要求美國大學生將高考（SAT）成績寫在一張紙上。一半的人在剛好有個「不相關」研究使用的鏡子前寫成績，另一半的人在看不到鏡子的情況下寫成績。在鏡子前做練習的人，顯然比沒有鏡子的那組人，更可能誠實回答問題，尤其在他們的成績相對來說比較低的情況下。[21]

另一個研究用不同的方式測試，人若是將注意力放在自己身上時，會如何影響道德標準。填妥報稅單等文件以後，一般來說填表人必須簽名，表示已確實填寫完畢。蘇（Lisa Shu）和其同事最近評估在填表前簽名的做法——表示他們會確實填寫——是否會導致更少不實陳述的結果。類似在報稅單簽名的實驗中，有些參與者在開始填表前簽名，有些在填表後簽名。一開始就簽名的人，比起結束簽名的人，作弊的人顯得比較少。此外，他們也技巧性地測試這個結果，是否可能和提早簽名顯得道德是更重要的考量有關。參與者看到一串必須完成的不完整句子。有些字必須填寫有關道德或更中立形式的文字。比方說，「__RAL」可以寫成 moral（道德）或 viral（病毒感染），而「_I__U__」virtue（善）或 tissue（組織）。事先簽名的人比起事後簽名的人，「看見」更多道德相關文字，可說與提早簽名者較少不實報稅的事實相關。[22]

當人的自尊受到威脅時，為什麼很容易導致行為偏差呢？對自己負面評分的人，可能做出不道德的事來維持自我一致性或認同感。根據自我肯定理論的說法，對自己失望的人可能會有負面或不道德表現，以期維持「連貫、統一和穩定」的自我概念。

自我證明理論也同樣提出，人希望一致性的看待自己。認為自己不好的人，如果遇到別人給予正面評價時會怎麼樣？一方面，如果他們最希望的是覺得自己很好，估計他們可能會給予善意回應，尤其對於更需要正面評價、自卑的人而言，更是如此。另一方面，史旺（Bill Swann）和其同事的研究顯示，自卑的人通常拒絕給予自己正面評價，尤其如果他們擁有堅定的負面自我評價，或是期望和評估者維持長久的關係時。[23]

人的自我控制感肯定與道德標準有關的原因，或許還需要一點不同的說法。認為自己有支配能力的重要結果，即是發現必須對結果承擔更多個人責任。因此，覺得自己要對好結果負責的人，真的覺得很有成就感，然而，覺得自己要對壞結果負責的人，會覺得自己真的很沒用。所以人因為負面經驗如不道德行為而覺得自己不好的程度，取決於他們認為自己要負多少責任。換句話說，認為自己更有控制能力的人，如果做出不道德的行為，估計會更覺得自己很糟，所以他們更不可能做出逾矩行為。認為唯有自己要負責不道德行為的人，更不可能做出逾矩行為。同樣地，知道道德表現可能贏得讚許的人，更可能做出正確行為。

評估道德對自我認同的重要性

當情況強調專注於己身，個人的道德標準會特別引人注目，進而引導他們合乎規矩做事。凸顯道德標準不只是視情況而定那麼簡單；同時也因人而異。儘管道德對多數人的認同攸關緊要，但在這個層面上，即所謂的道德認同，變化性也很大。阿基諾（Karl Aquino）建立的「有效道德認同評量」，已被證實可以預測人類行為的誠實面和道德面。舉例來說，道德認同得分高的人，更可能參與食品募捐活動、愛心捐助個人生活圈以外的團體，以及遵守體育競賽規則。道德認同不只影響人的道德標準，也會根據別人是否公平對待他們而定。例如，員工面對尊重他們的顧客，同樣待之以禮的傾向，擁有高道德認同的員工比較高。[24]（如果你想評量自己的道德認同，請見附錄G。）

自我控制影響道德標準

自我還以另一種方式和道德感產生關連。針對這一點，我們思考人對於認同、尊嚴和控制的**反思**如何影響他們的道德行為。道德積極影響人（一）與真實自我連結（除非他們認為自己是惡魔），（二）給予自己正面評價，和（三）認為自己能夠控制行為和發生後果的程度。然而，我們還需要以另一種方式討論自我對道德標準的影響。自我不只是人關心的**客體**；也是促成行為的**主體**。一百多年前詹姆斯（William James）稱前者為「客體我（me-self）」，後者為「主體我（I-self）。」[25]

本書到目前為止只討論過「客體我。」然而，「主體我」同樣發揮引導人思考、感覺和選擇做或不做某件事的功能。換句話，「主體我」讓我們能夠運用自我控制。如我們所見，道德不只取決於人認為自己多有控制能力；同時也要看他們**被迫進行**自我控制的程度。進行自我控制等於壓抑我們思考、感覺、做其他事的衝動。比方說，設法減重的人，必須抗拒想要品嚐眼前美食的誘惑。想要擁有持久競爭優勢的組織，必須抗拒直接快速解決問題的誘惑。

個人和組織為了追求成功，多半需要運用自我控制。遵守道德通常也需要自我控制，例如抵抗做出不道德行為的誘惑。不過諷刺地是，被迫運用自我控制需要付出的代價不小。

如學者海格和其同事近期所提，「參與自我控制行動來自有限的自我控制「儲量」，一旦耗盡會導致進一步自我調節的能力減弱……自我控制被比喻為肌肉。如同肌肉需要力氣和能量在一段時間內使力，需要高度自我控制的動作，也需要運用力氣和能量。同樣地，如同肌肉經過持續使力會感覺疲勞，並且會降低進一步使力的力量，自我控制如果持續擷取自我控制的資源，能力也會減弱。鮑麥斯特（Baumeister）和其同事稱這種自我控制「強度」減少的狀態〔為〕「自我耗盡。」[27]

運用自我控制和遵守道德傾向有何關連？即便遵守道德可能需要自我控制，運用自我控制的動作本身——包括與道德無關——也會造成自我耗盡，因而降低道德標準，至少會持續一段時間。請思考以下舉例。

A.「克麗絲汀」和「羅根」這對夫妻是同一家媒體公司的中級主管，他們決定不生孩子。最近幾年，公司雖然很努力解決員工工作和生活的平衡需求，他們卻覺得越來越不滿。原因出於公司只幫有子女的員工設想很多（如彈性工時、遠距上班和現場托嬰），但沒有替有子女的員工做任何事。克麗絲汀是馬拉松選手，她希望有幾個月的彈性上班時間，準備即將進行的比賽。羅根的高齡父母需要更多的關心；他也很需要和有子女的員工一樣的彈性上班時間。很遺憾，氣憤正好是二人的共同感覺。一開始，他們還積極推動公司政策改革，設法幫無子女的員工爭取和有子女的員工同等的福利。但是過了一段時日，他們發現自己逐漸失去沒有動力接受這個挑戰。

B.「凱拉」是位金融服務機構內的資深員工，這個機構為了要迎合新的法律規定和新技術，正在進行重大改革。全面的改革迫使凱拉必須放棄原本很習慣的工作模式，重新學習新的做事方法。

C. 提姆（Tim）在製藥公司的銷售部門上班，他的主管領導風格是細節管理。細節管理人嚴格要求員工堅持完成任務，以及達成任務的做法。舉例來說，即使提姆自己有好點子可以和客户達到最好的交流，他的細節管理上司還是不會讓它付諸實行。因為提姆的上司幾年前也是業務，他擁有很多聯繫顧客的成功經驗。然而，他的做法畢竟是過去時代的產物，雖然和現在的環境不無關係，但也不是唯一的成功之道。事實上，提姆自己的做法如果沒有比較有效，至少也和上司一樣好。

在這些例子裡，所有的員工都必須運用自我控制，壓抑他們的自然反應。克麗絲汀和羅根必須自我控制情緒。他們不斷被告知不可以表達負面情緒。組織社會學家霍克史蓋爾德（Arlie Hochschild）曾精彩描述了「**情緒勞動**」的概念，情緒勞動意指員工必須表達其他沒有感受到的情緒，以期影響他人情緒。有時候組織規範會造成情緒勞動。在很多組織裡，一般情緒的表達，尤其是生氣，特別讓人反感。情緒勞動也附屬於工作本身。對某些職業來說，如護理師、醫師、復健師、保護性服務人員和醫療服務人員，情緒勞動尤其無法避免。[28]

凱拉必須運用自我控制，但不是針對情緒，而是她的行為。她已經很習慣某種做事方式，但現在必須採用不同做法。以她的情況來說，與其說是組織規範或職業關係，還不如說是外在環境的改變，讓她必須自我控制自己的行為。

提姆也必須自我控制自己的行為，但是以他的例子來說，其根本原因和之前的例子不同。他的情況和過程有關。上司管理的方式讓提姆必須運用自我控制。若是有決定權，提姆會用自己的方式聯繫客戶。可惜的是，提姆的細節管理上司堅持事情要照他的方式做，迫使他無法表現自然真我。

無論原因為何（組織規範、職業、環境改變、過程），根據不同職場特徵，員工都必須行使自我控制。他們造成的自我耗損狀態，導致他們流失更多自我控制的儲量，造成各種反作用行為，例如道德淪喪。事實上，克麗絲汀和羅根、凱拉和提姆都發現自己的情況可能會影響到個人道德表現。

後者的想法符合一個更廣泛的視角，也就是做出不道德行為的人，也許不是因為他們缺乏道德感，而是好人也會根據情況做壞事。自我耗損還有另一個更好的說明特點，那就是它確定了不道德表現傾向屬於大環境下的一部分，而大環境的變化如下：

人無論何時必須運用很多自我控制的力量，他們的自我耗損狀態都會導致他們後續的活動更沒效率，而且那些活動同樣需要自我控制，至少要一段時間。

所以，再重申一次，過程才是重點。在第四章（以及本章之前部分），我們思考伴隨著某些事件和決定的過程，如何影響「客體我」（尊嚴、認同和控制的自我感知），然後影響員工的生產力、士氣和道德標準。這裡我還要說一個相關重點：伴隨某些事件和決定的過程也會影響「主體我」，也就是員工需要多費勁地自我控制。過程越需要使用自我控制，員工越可能耗損自我，進一步對他們的生產力、士氣和道德感造成有害影響。例如類似克麗絲汀和羅根所面對的情況，員工試圖推動改革，但組織給予員工表達情緒的自由度各有差異。克麗絲汀和羅根被告知公司不容許他們表達憤怒，但諷刺的是，如此他們就更沒動力改變一開始引發他們怒氣的政策。

最後這句話不是毫無根據的猜測。戴索爾斯（Katy DeCelles）和桑納賽恩（Scott Sonenshein）近期發現，越氣憤的員工，越沒有動力推動組織改革。然而，在組織以外的領域，越憤怒的人顯示越有動力推動改革。為什麼內外部人士的怒氣產生不同的作用呢？二種人都很生氣，但內部人士比較有可能接收到不容許表達怒氣的訊息。因此，相對於外部人士，他們必須更加自我控制。內部人員覺得自我耗損得更厲害，更無法承擔需要更多自我控制的活動，例如成為改革推動者需要很多精力。[29]

然而，假設克麗絲汀和羅根這類員工的雇主給予不同的待遇呢？如果他們知道可以適當地、甚至更好的是，可以踴躍表達對於公司政策的看法呢？我的直覺是他們比較不會因為想要表達心中感受，耗盡自我控制資源。因此，他們也可能比較有動機推動具有建設性的改革，並且大致來說，也會表現得更有道德心。

根據研究顯示，進行某個活動的自我控制，讓人比較不可能在後續的活動繼續這麼做，就算二者與道德無關，結果也一樣。近期的研究中，鮑麥斯特和其同事要求部分參與者一邊看著引發情緒的影片，一邊運用自我控制壓抑感受，另一方面，他們允許另一組人自由表達感受。這二組人都必須盡量抓緊一個把手，越久越好。這兩組參與者雖然在研究的一開始感覺體力相同，但後來運用自我控制的那組人，能夠握住把手的時間，比起不用控制的那組人少很多。在另一個研究中，他們讓參與自我控制組的人吃蘿蔔，並且抗拒吃巧克力，而另一組人可以吃巧克力和「抗拒」吃蘿蔔。結果顯示，行使自我控制的人比起另一組人，後來更沒動力進行需要自我控制的嚴苛認知任務。[30]

表面上，接續第一個、需要自我控制的第二個活動，似乎和道德無關。然而，在更深的心理層面，第二個活動和道德表現有很多重疊的地方，尤其當道德表現需要運用自我控制的時候，一般情況也是如此。由此可見，如果運用自我控制會讓人更不可能繼續，不用說，運用自我控制會讓人減少遵循道德的傾向。

學人吉諾和其同事近期也已證實這個觀點。在一項研究中，參與者觀賞女性訪談影片，在螢幕下方會固定跑出一些常見文字。被迫要運用自我控制的參與者被引導做不自然的事：「不要讀或看任何出現在螢幕上的字。如果你發現自己在看那些字，請立刻將注意力轉至女性受訪人的臉。」對照之下，針對不需要行使自我控制的組別，他們不需要對出現在螢幕下方的文字做任何反應。所有參與者接著完成一項任務，他們被告知會根據表現好壞得到相等的報酬。吉諾和其同事評估參與者謊稱他們做得比實際還好的程度。先做過自我耗損練習的人，比起沒有做自我耗損任務的人，更可能說謊。

在第二個研究中，自我耗損任務包括讓參與者做些不自然的事：寫篇短文，避免使用常用字母（A和N）。相反地，控制組的人必須寫一樣的短文，但避免使用不常用的字母（X和Z）。參與者接著進行另一項任務，其中他們有機會為了賺更多錢謊稱自己的表現。同樣地，寫了自我耗損文章的人說謊的機會更大。[31]

在本章一開頭我就提到，決策的**時間**是過程的重要因素。「時間」指的是一個月或一季。比方說，雖然一般認為裁員是壞消息，但如果裁員在聖誕節前發生，比起在隔年幾個月後發生，其過程可能就感覺沒那麼嚴重。「時間」也可指一天中的某段時間。如果有人必須做的某些決定，可能導致不道德行為，這類決定的當天時間點可能會影響其行為。庫夏奇（Maryam Kouchaki）和史密斯（Isaac Smith）認為「僅是日常生活的體驗，一個人就可能隨著一天推進減少自我控制……和一般日常活動有關的逐漸疲乏（如做決定和調整行為）」，會損耗人的自我調節資源，他們因此更可能做出不道德的事。

庫夏奇和史密斯利用非常簡單的方法測試這個概念。他們分二組人參與一項靠說謊賺錢的研究。二組人唯一的差異在於研究進行的當天時間點。半數參與者隨機分配參與早晨的研究，另一半做下午的實驗。結果顯示，下午組比早晨組的人，更顯著可能說謊，他們稱此為「早晨道德效應。」此外，下午做研究的人，比早上做的人，比較沒有道德意識，所以發生早晨道德效應。比方說，下午組的人在填字任務中，更可能把「＿＿RAL」看成「VIRAL（病毒）」，而早晨組的人比較容易看成「MORAL（道德）。」[32]

如果管理者想要員工處於決定的最佳狀態，他們要注意可能影響道德感的微小差別。為了好好利用早晨道德效應，只要有可能，有關道德層面的決定最好都在早晨，而不是下午確定。此外，明白了早晨道德效應的由來，其他實際見解也隨之浮現。例如，如果早晨道德效應是因為人在一天稍晚的時候，比較缺乏自我調節資源，那麼管理者在思考何時最適合確定道德相關決策時，也應該將其他影響自我調節資源的因素納入考量。如果有人經歷過需要運用自我控制的經驗，他們會先產生不道德行為的傾向。例如，員工剛碰見注意細節管理的上司，或是剛完成嚴苛的訓練課程，必須放棄舊有的工作習慣，採用全新做法的時候，都不是讓他們做出道德相關決定的最佳時刻，無論是一天的哪個時段。

庫夏奇和史密斯發現，運用自我控制因為會減少個人道德意識，進而降低道德標準。如果這是事實，那麼建立提高道德意識的機制，可能是很好的解決辦法。為了彌補群體思維的缺點（所有成員看待複雜問題的角度太過相似），群體動力學者詹尼斯（Irving Janis）等建議，群體應指派某人擔任「惡魔代言人」。這個人要負責指出有關群體普遍思考方式的問題，刺激大家討論其他解決問題的方式。[33] 同理可證，既然參與自我控制有可能讓人減少道德意識，那麼我們需要的可能是「天使代言人，」負責提醒大家眼前決策的道德層面。

其他研究也顯示可能影響決定的當天時間點，包含但不限於有關道德決定的時間。舉例來說，相對於早晨，黃昏更容易發生各種脫序行為，例如衝動犯罪、暴力攻擊、毒癮復發和酩酊大醉等。再者，在題為「司法判決外部因素」的近期研究中，丹齊德（Shai Danziger）和其同事指出，法官的假釋判決受到審理時間的影響。法官常見的一天包括三個決定時段：（一）一天的開始到上午中間的點心時間，（二）上午中間過後到午餐的時間，以及（三）午餐後直到一天結束的時間。在法官的預定判決時間內，按照案件順序，比較早審理的囚犯假釋申請案件，得到希望判決的可能，比起晚一點審理的案件大很多。雖然有各種因素說明人為何在一天稍晚的時候容易出現脫序行為，以及法官為何在判決期間，晚一點比早一點的時刻態度可能更嚴厲，但這二個情況最可能是因為運用自我控制造成自我耗損的結果。

簡而言之，當人必須在無關道德的行為上運用自我控制，他們更可能，至少是一段時間，做出不道德的事。其他研究也證實，因為必須運用自我控制，人更不可能做出合乎道德的行為，例如幫助有需要的人。許（Hanyi Xu）和其同事讓一組參與者一邊看著刺激情緒的電影，一邊完成壓抑感覺的自我耗損任務，另一組人在沒有任何限制下看同一部電影。接著他們給予所有參與者幾個幫助別人的機會（如捐錢給防愛滋的慈善機構）。結果之前必須壓抑情緒的小組比較無法慷慨解囊。[35]

我們還可以用另一個方式，思考自我耗損和職業道德的關係。當自我耗損刺激和道德有關，例如抵抗做出不道德行為的誘惑，員工之後更不可能有效行使自我控制，無論做法是否和道德有關。我們之前討論過，以無關道德方式行使自我控制，可能進一步降低後續的道德標準。實際上，外溢效果也可能朝另一個方向發展：自我控制若是為了抗拒不道德表現的誘惑，其他方面的自我控制能力也會減少。因此員工被引誘說謊、欺騙或偷竊時，就算他們抗拒成功也要付出很大的代價。至少有一段時間，他們可能無法做好需要運用自我控制的接續任務。

在一個研究中，抗拒欺騙誘惑的參與者（不誇大自己的表現），後來在需要自我控制但與道德無關的測驗中表現很差，這個依照測驗發明者心理學家史楚普命名的測驗，稱為「**史楚普測試**」（Stroop test）。這個測驗的進行方式如下。參與者看到一連串說明顏色的文字（例如「紅色」），但文字和樣式顏色不符（如「紅色」文字是綠色樣式）。與者必須迅速說出該樣式的顏色（例如說出印成綠色的「紅色」文字是「綠色」）。[36]

組織研究學者為了要解釋「好人做壞事街的原因，清楚地說明有許多方式會影響上班族做出不道德行為，或是不做有道德的事。有時候是上司施加壓力，讓員工無法做正確的事。有時候是獎勵制度引導員工走入歧途。也可能是公司文化；如果你環顧四周，發現同事不遵守道德，你很容易跟著這麼做。

此外，組織不只鼓勵員工做錯事，也支持他們如此，因為員工如果或剛好看到不道德行為，他們也不知道要求助於誰。簡單說，我們一旦了解職場上有各種力量在發揮作用，刺激和培養員工做出不道德的行為，就很容易理解為何好人會做壞事。在很多情況下，是地點的關係，不見得是人的問題。[37]

但其實還有另一種潛在危險力量在蠢蠢欲動。即使有道德的員工能夠使盡全力自我控制不做出違反道德的事，他們還是會自我耗損，由此產生二個弊端。一，對於他們後續需要自我控制和道德無關的任務有不利影響，如使用史楚普測試的研究顯示。第二，降低日後的道德標準，尤其是後續活動需要行使自我控制的時候，例如抗拒不道德表現的誘惑。

事實上，有關「道德自我准許」的研究顯示，遵循道德可能讓人日後更容易表現不道德：「行善使人有自我道德確定感，因而產生道德自我准許。例如，人若是相信自己過去的行為表現出憐憫、慷慨或沒有偏見，他們更可能以道德模糊的方式行動，而不怕感覺無情、自私或有偏見。」根據這觀點，之前的道德會讓人「解放」，以致日後做出比較不道德的事，因為他們之前的道德感證明了自己是單純正直的市民。[38]

自我耗損效應也反映出道德行為影響不道德行為的趨勢，但理由和隱含的道德自我准許不同。在道德自我准許方面，自我是受體。已證明自己有道德的人，雖然後續可能表現不道德，但不必擔心自我認定方式有潛在負面含意。在第四章我們討論過參與自我肯定如何讓人能夠忍受，甚至接受可能造成自我威脅感的資訊。同理可證，有道德行為肯定了人的自我道德感，因此倘若他們稍後要從事不道德行為，也比較不會感到自我威脅。

在自我耗損方面，自我是主體。之前的道德行為可能讓人必須運用自我控制，因此他們剩下更少自我控制資源，應付後面情況的道德表現。自我道德准許和自我耗損的例子最後結果都一樣：他們之前的道德行為讓員工更不可能遵循道德。然而，重要的是要釐清潛在機制的差異，不僅是理論上的因素，也有實際的理由。說到底，如果想阻止道德行為減少後續道德感的傾向，就必須了解第一時間事情如此發生的原因。

比方說，如果該傾向來自道德自我准許構成的機制，那麼採取的干預形式必須讓人以為，道德不是一次性交易，而是一種定期確認的身份。另一方面，如果該傾向來自自我耗損構成的機制，那麼干預形式或許可以減少初期活動必須運用的自我控制。為了減低自我耗損對道德的影響，干預行動也可以依照以下說明的概念進行。

自我耗損必然會降低道德標準嗎？

截至目前，我們討論的組織生活、自我控制和道德之間的關係，顯得非常悲觀。我一直強調職場讓員工處於必須行使自我控制的情況，致使他們自我耗損，因而更容易做出不道德行為。組織生活的絕對真相是迫使人做些需要行使自我控制的事情，例如學習新技術、應對無理客户和抗拒採用權宜之計的誘惑。

思考組織生活、自我控制和道德感時，幸好我們還有樂觀的理由。行使自我控制不見得會導致自我耗損。可能如此，但不見得必然。只要行使自我控制時減少自我耗損，他們自然較不可能做出不道德行為。實際上，已經有部分近期研究證實，在有些條件下，即使人需要運用自我控制，也比較不可能自我耗損。我會討論二種廣泛的條件類別。一是正面性。你可能聽過正面思考的力量。其結果是行使自我控制和自我耗損的連結，也許不只會被正面思考沖淡，也可能被正面**感覺**和正面**做法**破壞。還有一個我會討論的類別和其他來源的動機有關，也許可以用來制衡自我耗損的感受。

研究人員在以下討論的研究中，從未檢視人的道德感。然而，研究以下列方式暗示道德行為：行使自我控制讓人自我耗損，進而降低道德感。正如以下研究證實，假設有些情況行使自我控制不會導致同樣的自我耗損，那麼行使自我控制的情況本身，不應該導致道德感減弱。

正面的力量

克拉克森（Joshua Clarkson）和其同事在一次研究中說明正面思考的力量，其中參與者執行需要行使自我控制的任務。首先，他們拿到幾頁統計課本的內容，然後被要求刪掉內容中所有「e」的字母。然後他們接到第二項任務，同樣必須刪掉「e」的字母，但有些例外：例如，同一個字裡面，若「e」之後有另一個母音（例如「read」）或是如果去掉前後的「e」之後是一個母音（例如「vowel」），他們被指示這時不可刪除「e。」由於參與者已經習慣第一次任務裡比較直接的程序，用不同方式執行第二個任務時，他們需要行使自我控制。

接著，所有參與者做的活動旨在影響他們對於自我耗損程度的認定。所有人被告知他們所使用的紙張，其色調會影響人的心智能力程度。一半的人被告知色調對人的心智能力有負面影響（耗盡他們取得資訊和周密思考的能力），然而另一半的人知道的正好相反，色調對他們的心智能力有補強作用。

你覺得他們接收的訊息會影響他們對於耗損程度的想法嗎？你也許會預期，得知顏色會耗損精力的人一定會認為，比起知道顏色有補充能量的人，他們的耗損更多。然而，情況正好相反。為什麼？被告知顏色會耗損精力的人，現在有個方便的外在理由覺得耗損：紙張顏色。結果他們可能會推論，他們在內心深處「真正的」耗損程度相當得低。那些知道顏色有補強作用的人就沒有這樣的藉口。實際上，他們可能會猜想「實際上」他們耗損很多，因為他們有如此感覺，儘管其實他們應該覺得得到補充能量。認為紙張顏色會造成耗損的人，相信耗損的「實際」程度比較低，所以在接下來的自我控制測驗，他們做得比相信紙張顏色有補充作用的人好很多。[39] 雖然知道紙張顏色會造成耗損的人，比起知道紙張顏色有補充作用的人，對於實際耗損程度的想法比較正面，似乎有違常理，但是更正面思考耗損程度的人，之後更能夠行使自我控制：這就是正面思考的力量！

泰斯和其同事在一連串檢視心情作用的研究中，說明正面感覺的力量。在所有研究中，半數的參與者做些需要行使自我控制的事。比方說，有些人被告知寫下他們此刻的心情，但被指示不應該想到一隻白熊。你曾試圖壓抑想法呢？如果有，我敢說你第一個閃入腦海的想法，一定是那件你想壓抑的想法。壓抑無用的想法需要自我控制。在另一個研究中，有些參與者養成一個習慣，然後被要求打破習慣，很像劃掉每個「e」字母的小組，只是他們被告知在有些情況下，「e」不能劃掉。還有另一個研究，部分參與者必須抗拒吃掉美味點心的誘惑。這三項研究的另外半數參與者，都不需要行使自我控制。

無論他們最初的活動是否需要行使自我控制，三項研究的所有參與者都必須接著執行第二項任務，也必須行使自我控制。然而，兩次任務之間，部分參與者被引導產生正面情緒，例如觀看演員羅賓威廉斯（Robin Williams）或艾迪墨菲（Eddie Murphy）的獨角喜劇橋段，而其他人沒有。缺乏正面情緒的刺激下，發生典型的自我耗損效應：參與最初要求自我控制練習的人，比起沒有參與的人，在第二次的任務中能量更少。然而，自我耗損效應在那些被引導成正面情緒的人身上消失了。[40]

施麥克（Brandon Schmeichel）和沃斯證明了參與自我肯定可以抵銷自我耗損，藉此說明正面行動的力量。同樣地，部分參與者被迫行使自我控制，其他人則沒有。第一個研究需要運用自我控制的任務，包含參與者寫一段他們近期旅行的故事，但不能使用字母A或N。第二個研究的自我控制任務包含觀看影片，期間螢幕會定期出現他們必須忽略的文字。在二種研究中，參與者接著都進行另一個需要行使自我控制的任務，例如看他們的手可以泡在冷水裡多久，或是他們面對一個難題可以堅持多久。如所預期，在第一次任務被迫行使自我控制的人，相對於沒有被迫的人，在第二次任務無法堅持太久。然而，在二個任務之間，如果參與者參與自我肯定活動，這個效果就會消失。如同第四章討論的幾個研究，自我肯定活動包含根據個人重要性排列價值觀的優先順序，然後簡短寫下他們排名最高的價值對他們的重要性。

雖然這些研究都沒有評量道德行為，但它們明顯暗示了何時行使自我控制，較不可能導致之後的道德過失。正面思考、感覺或行動可以是有效的解決之道。

舉例來說，人在一天稍晚的時間道德表現比早晨差的「早晨道德效應」，如果員工被引導相信他們還有庫存的自我控制資源（正面思考），如果他們接收的訊息讓他們有好心情（正面感受），或是如果他們參與再次肯定自我概念的活動（正面行動），這樣的效應就會減緩或消失。指出面對自我耗損障礙仍堅持到底並且最後戰勝的榜樣，就會產生正面思考（如果他們能做到，我也可以）。帶給員工一些有關他們自己或組織的振奮消息，也許能引發他們的正面感受。如第四章所述，經由參與自我肯定活動的正面行動有各種進行方式，例如參與公司贊助的自願服務活動。

動機力量，也就是以火攻火

自我耗損主要反映能量的減少。因為行使自我控制導致心理資源減少，難以進行後續需要自我控制的活動。然而，如果員工很清楚持續行使自我控制對個人而言很重要呢？這會幫助他們克服自我耗損嗎？舉例來說，假設員工被細微管理型上司快逼瘋了，對方堅持凡事必須按照他的方法做。或是想像員工必須學習的新程序，要求他們捨棄所有舊有做事模式。這二種情況的自我耗損經驗，會讓他們更無法抵擋說謊、偷竊和欺騙的誘惑。

假設在這兩種例子中，員工被引導關注道德行為的重要性。例如，組織網站的首頁可以強調企業承擔社會責任的各種做法，例如支持員工從事志工活動，領導環境永續發展等等。已有幾個研究證實，只要強調其重要性，即使經歷自我耗損的人，也能夠維持高度自我控制。研究者穆瑞文（Mark Muraven）和史萊莎瑞娃（Elisaveta Slessareva）為了耗損部分參與者的精力，還刻意壓抑他們某些想法，例如想到一隻白熊；控制組的人則不必壓抑他們的想法。然後所有參與者進行一項任務，他們被引導以為是創造力測驗。該任務要求參與者用螢光筆描摹幾何圖形，但不能回頭描同一條線，筆也不能從頁面離開。參與者不知道的是，任務根本無法完成。自我控制評量包括參與者面對無法完成任務的挫折感時，願意堅持多久。相對於控制組的人，被要求避免想到白熊的人，無法在「創造力」任務中堅持一樣久，這就是典型的自我耗損效應。

不過，如果參與者被引導認為創造力任務是某個研究的一部分，具有重大使命（「為了研發失智症病患的新療法提供科學證據」），之前被要求避免想到白熊的人會持續進行任務更久；相較於同樣要壓抑想到白熊但不知道研究重要性的人，他們能堅持得更久，而且如同知道研究重要性但不必事先壓抑想法的人，堅持得一樣久。[42]

人如果相信他們從事的活動很重要，就會激勵自己繼續努力。當然，金錢是鼓勵方式之一，尤其在職場上。提供金錢或實質獎勵，也可以鼓勵自我耗損的員工表現道德嗎？假設獎勵他們很多錢去做正確的事，或是威脅他們如果沒做必須賠很多錢。現在我們來檢視一下這個想法的優缺點；我會表明關於此事的立場。

優點

許多證據顯示，人得到越多錢，越會抵銷自我耗損效應。穆瑞文和史萊莎瑞娃誘導部分參與者自我耗損，部分沒有。然後他們進行需要自我控制的另一項活動，包括喝一杯其實大家都**不**想喝的飲料：「Kool-Aid 薑味人工果汁」。所有參與者被指示喝越多越好。有些人拿到的錢比較多，有些人比較少。尤其針對自我耗損的人，他們拿到的錢越多就喝得越多。[43] 雖然喝這種可怕味道的果汁不是為了測試道德感，但是喝這種飲料和表現道德行為都必須行使自我控制。判斷二者共同點的指標在於如果人處於自我耗損狀態，他們比較不可能做這二件事。因此我們完全可以說，給自我耗損的人更多錢，不但可以鼓勵他們喝更多可怕的果汁，還會增加他們的道德表現。

進一步來說，除了獎勵作用，金錢還有一個可行的理由。金錢不僅具有物質或實質價值，也有象徵價值。研究指出隱約誘使人思考金錢，可能讓他們體驗自足、力量和信心。之前我們談到正面思考的力量，樂觀想法會抵銷自我耗損效應。根據一項研究指出，**光是想到金錢**就能夠引發正面思考。在研究「手指靈活度」的障眼法下，周

（Xinyue Zhou）、沃斯和鮑麥斯特要求一組參與者數出八十張百元鈔票，另一組數出八十張紙。然後他們測量參與者的心理能量，觀察他們面對社交困難和病痛時體驗的痛苦程度。相對於數出紙張的人，數出鈔票的人心理比較強壯；他們經歷慘痛的社交或身體狀態時，比較沒那麼痛苦。[44]

如果光是想到金錢就可以增加能量，那麼應該也能減緩行使自我控制效應。鮑切爾和寇弗斯（Monthe Kofos）測試了這個想法，不過聰明地讓人用不同的方式思考金錢。首先，參與者做些必須行使自我控制的事（壓抑想到白熊），或者不行使自我控制。接著他們進行解讀句子的任務，個別拿到三十組五個單字以後，必須用其中四個單字造一個句子。舉例說明，在「金錢」條件組的單字是「won（中獎）、green（綠色）、the（那次）、lottery（樂透）、I（我），」可以組成「I won the lottery.（那次樂透我中獎了。）」而「中立」組的「metal（金屬）、I（我）、wrote（寫）、letter（信）、the（那封），」可以組成「I wrote the letter.（我寫了那封信。）」研究人員接著評估參與者後續行使自我控制的傾向，也就是觀察他們進行困難認知任務的表現。中立組顯示典型結果：之前必須行使自我控制的人，比起不需行使的人，表現得差很多。然而，金錢組的結果很不一樣：之前必須壓抑自己想到白熊的人，表現得沒有比不需壓抑的人差。換句話說，必須壓抑想到白熊的人當中，光是想到錢的人，表現得就比沒有想到錢的人好很多。以上這些結果似乎都反映了一個事實，那就是光是想到金錢就可以引發正面思考。想到錢的人認為，困難的認知任務沒有那麼困難，於此反映了正面思考。[45]

關於組織是否應該付錢請員工表現道德，尤其在他們經歷自我耗損的時候，以上討論提供了什麼建議？一方面，付錢鼓勵員工表現道德似乎是不錯的想法，金錢可以在各方面阻止自我耗損的員工從事不道德行為。錢可以讓自我耗損的人產生**動力**，是獎勵做正確事情的方式。錢也可以增加自我耗損的人**自主權**，讓他們產生自信感和相關的正面思考形式，而正面思考已證實能夠解決自我耗損降低道德感傾向的問題。

缺點

但另一方面，至少有三個理由可以證明，使用金錢獎勵員工道德表現不可能是最好的辦法。第一，光是因為想到錢**可能**導致正面思考，不代表一**定**如此。我們不難想像思考金錢也可能不是獲得自主，而是失去自主。

舉例來說，如果人認為他們擁有的錢和想要的錢之間的差距很大，想到錢會讓他們想到自己沒有的部分，因此很難感覺到自信和力量。庫夏奇和其同事近期指出，金錢想法比起自主或不自主的問題，更能刺激趨向邪惡層面的想法。在一系列研究中，參與者被要求重新排列單字組成句子。在「金錢」組的人，造句必須提及金錢（如「她花錢大方」），但「非金錢」組不用（如「她走在草地上」）。結果金錢組的人更可能透過商業架構思考必須做的決定，因此導致他們表現得更不道德。46

第二，為了鼓勵道德行為或阻擋不道德行為支付員工的費用，很快就會變得很昂貴。雇主絕對有更符合成本效益的辦法，可以表達道德的重要性。舉例來說，如果員工可以清楚地知道做正確事情的內在好處（「勞力的成果」），他們更可能確定其重要性。假設有人在處於自我耗損的狀態下，被要求付出時間和金錢做善事；比方說，想像這個要求在一天稍晚、而不是早一點提出。格蘭特已證實，慈善事業受益者的個人感言非常具有鼓勵作用；尤其在人處於自我耗損狀態，需要能量和啟發的時候，作用更大。47

第三，使用金錢可能導致個人信念發生危險的轉變，也就是遵守道德，或是不遵守道德的判斷標準改變。多數人知道道德和不道德的差別，而且大部分的人內在傾向遵守道德，而非不遵守道德。然而如果我們以金錢（也就是外在）鼓勵人從事他們內在已有動機做的事會怎麼樣？乍看之下，這個問題似乎很簡單，人會更容易表現那個行為；畢竟他們現在有二個理由可行，內在和外在各一個。

然而，由戴奇（Ed Deci）和其同事得到的一百多個研究成果顯示，最簡單的答案不見得是最正確的。增加一個外在動力，例如金錢，鼓勵人從事內在已有動機做的事，不會讓他們更有可能做出那個行為。[48]相反地，增加外在動力可能導致人改變他們為何做那個行為的信念。根據「過度辯證效應，」人不再相信「我這樣做是因為事情本身就會產生收穫」，而是認為「我是為了錢這麼做。」因此之前由內在動機激發的活動，如今由外在動力激發。

關於過度辯證效應，學人瑞斯尼斯基和施瓦茲（Barry Schwartz）提供了一個最有趣的例子。他們針對一萬一千多名軍校學生，測試他們想要進入西點軍校（United States Military Academy）的動機。所有學生評估想要加入的內在動機（如他們渴望成為軍事將領）和外在原因（如能夠得到好工作或賺更多錢）。研究人員特別想知道學生的最初動機如何影響他們的熱忱和效率，評量方式為畢業的可能性、畢業後成為軍官的可能性，以及作為軍官的表現。我們比較一下自我評估有高度內外在動機的人，以及有高內在動機但低外在動機的人。很有意思的是，因為內在動機而非外在動機從軍的人，相對於具有內在和外在動機的人，他們所有的評量都表現得比較好。

因此就某種意義來說，付錢給員工做有道德的事很合理（尤其在他們自我耗損的時候），但是我們還有更有力的理由相信，這不是正確的解決之道。只因為金錢可以抵銷自我耗損，不代表一定會，這要看它鼓吹了什麼想法。況且，付給員工道德行為的費用可能非常昂貴，因此不可能持續供給。最後，根據過度辯證效應，對於多數自我耗損的員工，他們原本就有內在動機作正確的事，使用金錢確實可能會產生反效果。

抵銷自我耗損：少即是多

管理著藉由動力策略，減少員工自我耗損與違反道德行事傾向的關連。管理者如果表示遵守道德很重要，員工不會允許自我耗損左右他們。這個推理似乎表示，如果管理者想要員工戰勝自我耗損，他們必須「做點事」。但是根據自我控制運用的本質，有時候管理者最好是多一事不如少一事。運用自我控制就像使用肌肉一樣：做越多，越容易疲勞。和肌肉力量一樣，我們運用自我控制的能力也有自然復原功能，前提是我們允許自然復原過程進行。

如同劇烈的身體活動經過休息以後會讓我們「恢復力氣，」運用自我控制也是如此。因此，有時候管理者處理員工自我耗損的最好做法，反而是創造空間，讓他們得以補充自我控制資源。確保員工不會長期負擔過多活動也是可行辦法，請看以下實證。

幾年前，我擔任哥倫比亞商學院的領導發展課程系主任。我剛接任的時候，課程從早上八點半開始，晚上十點半結束，連續進行三天。唯一的休息時間是用餐的時候，以及上午和下午時段中間的短暫茶水時間。雖然參與者三天來大致上都很投入，但我還是做了接任以來的第一個決定，宣布第二天的課程於下午五點半結束。我做這個決定時很掙扎。一方面，因為參與者和課程教授正式的接觸時間會變得比較少，我擔心學習經驗會受到影響。另一方面，課程設計各種方式幫助參與者脫離他們的舒適圈。例如，課程以英語進行，那不是多數參與者的第一語言。我發現讓參與者休息一下，可以減少他們處於耗盡自我控制資源模式的時間，同時又可以展開自我復原過程。事實上，第二天提早下課的決定提升了參與者的整體經驗。他們也許不會更用功，但他們絕對會更聰明地讀書。等他們充好電，第三天早上就可以展現準備一顯身手的氣勢。

少即是多的概念，和我們前面討論自我耗損對道德標準的影響有何相關呢？近來有個研究評量睡眠量對於表現道德行為的影響，我們可以藉此做相關連結。巴恩斯

（Chris Barnes）和其同事要求員工報告過去三個月的睡眠量，以及他們在同一段時期感覺的自我耗損程度。他們的上司分別評估員工在同一段時期從事道德行為的頻率，例如不搶別人的功勞。研究結果發現員工睡得越多，他們覺得自我耗損越少，他們的上司也評估他們更遵守道德。[50] 尤其在時間不是重點的時候，與其鼓勵員工克服自我耗損狀態，最好的過程是管理者只管製造員工恢復和休息的空間，然後培養他們恢復自我控制能力的自然傾向。

相關的重點也可以應用在管理改革的過程，如我們第三章討論的主題。多數公司面臨的快節奏環境，經常讓管理者和員工喘不過氣來。員工才完成一個改革，老闆就告訴他們要進行下一個。要求員工改變，本質上就是要求他們運用自我控制。他們必須放棄某種做事方式的自然衝動，通常這種方式已建立多年，然後用不同的方式進行。難怪從未停止的改革通常讓員工疲累不堪：即使他們沒時間從之前的改革中復原，他們還是得繼續改革。環境中唯一不變的是變，這點雖然無庸置疑，不過環境需要多少變化在不同時間點有所差異，也是一個事實。

環境需要較少變化的時候，管理者可以刻意**不要**推動太多新措施。因為少做點事（不推動新措施），反而能做更多事；讓員工恢復自我控制能力。事實上，即使環境必須改變，考慮推展新措施的時間點也很重要。其中重要的考量是，員工目前的狀態是否擁有足夠的自我控制能量，承擔可能非常艱鉅的任務。[51]

本章摘要

基於前幾章討論過的過程面向，本章首先討論處理事情的方式，如何影響員工道德表現的傾向。第一，高過程公平性的接受方，比較有道德表現。他們非但比較不會偷竊，也會藉由給予別人更多的過程公平性表現道德感。員工回饋和傳承他們所接受的過程公平性傾向，以互惠原則為動機，經過學習而獲得。第二，本章討論影響員工整體誠信的職場過程，如何影響其道德感。過程中讓員工認為自己越有尊嚴、認同或控制，他們越會遵守道德。

我們也思考不同的自我概念化方式，也就是作為主體（主體我）而不是客體（客體我），如何影響員工的道德感。以執行者的角色來看，主體我會耗盡資源，留下自我耗損感，結果更無法行使自我控制，至少短期時間內不行。基於自我耗損文獻提及的基本原則，我們討論了（一）在無關道德的活動中行使自我控制，如何導致比較無法遵守道德的傾向，以及（二）在有關道德的活動中行使自我控制，如何導致在無關道德的活動中行使自我控制的能力降低。進一步來看，遵守道德可能會讓人後續減少表現道德，這個效應或許可以用客體我（道德准許）和主體我（自我耗損）來解釋。

以更樂觀的角度來看，我提出要求員工行使自我控制的組織因素，不見得立即導致自我耗損和相關的道德缺失。需要行使自我控制的活動如果伴隨正面思考、感受或行動，員工就能夠在後續的活動行使自我控制。其他減緩自我耗損的影響包含內在**或**是外在動機來源，而不是內在**和**外在動機。過度辯證效應的研究顯示，額外使用外在獎勵鼓勵人從事原來由內在動機激發的事，結果會適得其反。

聰明的做法是，當鼓勵人參與他們已經有內在動機執行的活動時，不要提供太多的外在獎勵。最後一點，基於自我控制能力在沒有耗盡的情況下，具有自行復原的傾向，有時候管理者處理自我耗損的最好辦法是創造休息和復原的條件。

第6章

高品質過程：說的比做的容易

到了這個階段，我希望你已非常認同「過程很重要」的概念。過程如果公平（第二章），伴隨改革的過程若是堅持第三章提出的原則，容許員工認為自己有尊嚴、認同和控制（第四章），當過程不至於自我耗損（第五章），好事就會發生，例如員工高生產力、士氣高昂、道德行為。這一切都讓人想起一個重要問題：如果過程很重要，是什麼阻礙我們做正確的事？又既然有這些障礙，我們要怎麼解決？

障礙問題無解的原因，主要是有時過程處理得好，根本不用花不上什麼錢，英國首相邱吉爾也曾有類似想法。在「珍珠港事件」發生隔日，邱吉爾寫給日本首相的宣戰聲明結尾如下：「我很榮幸，帶著最崇高的敬意，成為你順從的僕人，溫斯頓．邱吉爾。」這封充滿敬意的宣戰書引發國人撻伐聲浪，邱吉爾卻如此回應，「當你必須殺一個人，表示禮貌沒什麼損失。」

當然，以高品質方式處理過程時，通常不會沒有任何花費。其實必然有些花費：在本章，我會討論某些確保過程順利進行的成本，以及如何解決成本問題。

整理障礙物

高品質過程可以激勵和支持接受方做好分內工作，讓他們心情愉快且遵守道德。支持指的是賦予能力，激勵指的是給予動機，這二者是人類所有行為的關鍵決定因素。由此我們可以合理推論，缺乏資源和慾望是管理者推動高品質過程的二大障礙。缺乏資源，他們沒有**能力**進行高品質過程。缺乏慾望，他們沒有**動機**做好事情。我們可以看見缺乏資源和慾望以各種形式和理由出現。

缺乏資源

知識是重要的資源。**有時候，管理者就是不知道過程有多重要，以及何時和為何很重要**。譬如他們可能誤以為接受「艱難決定」的對方反應不好，是因為結果不好，但其實真正的原因是結果不好**加上**過程不公平。以希考克絲（Kaci Hickox）的例子來說，這名來自緬因州的護理師，在二〇一四年十月在西非治療伊波拉病毒患者以後回到美國。這位女士寫給《達拉斯晨報》（Dallas Morning News）的投書引起軒然大波，她在信中抗議自己被告知必須進行隔離時所受的待遇。除此之外，她還被人批評愛抱怨和自我中心。以我的觀點來看，這都是因為大家誤解了她抱怨的內容。很多反對她的人認為，她抱怨的是結果：進行隔離。他們認為，希考克絲女士應該知道她可能危害到大眾健康，隔離的決定雖然對她不利，但是很合法。然而，希考克絲女士抱怨的不只是被隔離的事。而是**加上**她在過程中被有關當局無理對待的感受。根據《紐約時報》二〇一四年十月二十五日的報導，希考克絲女士認為涉及隔離的過程在各方面都很不公平。她覺得（一）決定沒有依據正確的資訊進行，（二）沒有人清楚且充分地對她解釋為何做這樣的決定，（三）她沒有獲得應有的尊嚴和尊重。

提及正確性，她的生病跡象顯示資訊出了點問題。第一次掃瞄她的額頭時，顯示體溫是三十八度。但稍後再測的結果是三十六度，當時醫生告訴她，「你絕不是發燒。只是臉紅。」她也提到「隔離了約七個小時……獨自被關了很久，肚子餓的時候只拿到一條燕麥棒……沒有任何解釋的拘留。」提到尊嚴和尊重，希考克絲女士告訴她母親，她覺得狗的待遇都比她的還好。[1]

當時如果這個過程處理得公平一點，也就是根據正確資訊、給予清楚解釋和她應得的尊嚴和尊重方式進行，我敢說她對這個隔離決策的反應會大不相同。她也許不會很高興，但她應該不會**那麼**生氣。

其實我們有點可以理解，為何管理者以為接受艱難決定的人不高興是因為不利的結果；但實際上，他們可能在意的是不好結果**加上**糟糕的過程。如果接受方真正不滿的是結果**和**過程二者，那麼執行過程的人可能會感覺遭人批評。無論如何，管理者如果不承認接受方不滿於結果和過程，而不單是結果，他們可能會繼續進行同樣會讓人後悔的過程。

管理者關於過程的錯誤觀念，也可能來自友善而非自我保護的層面。一般來說，過程很重要的概念可說無庸置疑，甚至是「常識。」但其實不見得：以我們在本書看到的例子，處理事情的微小差異造成顯著的巨大影響。例如，誰能想像給予療養院病人自主照顧植物，或者選擇某天晚上播放電影的權力，對他們的身心健康有如此正面的影響？[2]誰能想像在新進員工訓練時，多花一個小時鼓勵他們確認自己的核心優勢和發揮方式，六個月後顧客滿意度會大幅提升？[3]誰能預料讓非裔美國中學生在學期剛開始時，先做一個簡短的自我肯定練習，他們幾個月後、甚至幾年後的學業成績會有很好的表現？[4]誰又知道一天的時間點會影響決策的道德標準？[5]簡而言之，有時候知識斷層會妨害高品質過程。

即使知道過程的重要性，也無法保證可以處理好過程。管理者還同時必須擁有執行過程的必要技巧，例如在艱難情況下保持冷靜的能力。墨林斯基和馬戈里斯已經證實，當管理者非得宣布不好的結果時（「無可避免的災禍」），他們進行的方式往往還有很多改進空間。[6]注意這不幸的諷刺：如第二章所述，結果不受歡迎時，過程品質更是影響員工生產力和士氣的關鍵。[7]但可以確定的是當結果不受歡迎，管理者通常都無法成功執行決定，部分原因是他們缺乏處理困難情況時，必備的自省功夫和人際關係技巧。

根據墨林斯基和馬戈里斯進行的一項研究，我們可以思考一下管理者在必須裁員時面臨的困難挑戰。對失業的人來說，這段時間必定有很多情緒，他們理所當然會覺得生氣、擔心和難過。對於必須傳達不幸消息的管理者而言，他們的心情也很沈重。一名管理者提到，

（我的）身體狀態，常會胃痛，覺得心神不寧。有時候想吐或頭痛。常做惡夢，不見得和裁員有關，但是它是壓力來源。緊張程度幾乎讓你想退一步說，「我必須冷靜，我不能顯露宣布這個訊息的壓力。」

另一名管理者這樣說：

> 如果這個消息讓我難過的程度和讓其他人難過的程度一樣，導致我快要哭了，我絕對會忍住不哭。但是我的情緒是真實的，對於必須傳達這個訊息給某人，我覺得很痛苦和難過。[8]

很多管理者也會對裁員感到不滿，比方說如果他們剛開始不認為有必要裁員、他們的好朋友被解雇了、傳達訊息過程中，被解雇的人責怪或污辱他們等。此外他們會生氣的原因還包括認為自己必須為裁員負責，或是他們認為自己保住工作不應該，同事都沒了工作（「生存者內疚感」）。

有時候這類管理者必須有調解負面情緒的能力，才能妥善處理過程，這其中涉及一方面要以堅定的態度宣布消息，一方面要給予接受方尊嚴和尊重。管理者必須誠實，不能顯得太軟弱，也不能太強悍。可是過猶不及的例子還是層出不窮。比方說，如果接受壞消息的人顯露傷心或擔心的跡象，管理者可能為了讓接受方感覺比較好過，忍不住退卻做出善意但短視的回應。如果接受方猛烈抨擊和責怪管理者，後者或許會忍不住想憤怒回應。就各個層面來說，過於軟弱或強悍地公佈消息，都是很不尊重接受方的表現。

既然管理者必須傳達不幸消息給接受方時，雙方會產生這麼多痛苦的負面情緒，難怪傳達過程會經常出錯。但是事情不僅是管理者承受很多負面情緒這麼簡單。心理負擔增加的原因是他們覺得不應該有情緒，而且必須壓抑情緒。記得之前的引述：有位管理者說，「我必須冷靜，我不能顯露宣布這個訊息的壓力。」另一個人說，「如果這個消息讓我難過的程度和讓其他人難過的程度一樣，導致我快要哭了，我絕對會忍住不哭。」宣布壞消息時必須處理不容許出現的情緒，因此可能造成管理者的自我耗損；畢竟隱藏強烈情緒需要自我控制。

鑑於前一章所述，自我耗損容易導致決策者表現不道德傾向，近期研究更顯示，自我耗損也會降低傳達壞消息的品質。學人懷特賽德（Dave Whiteside）和巴克萊（Laurie Barclay）的研究中，要求參與者扮演傳達壞消息給員工（吉姆）的經理角色，包括即將裁員的消息，或者是負面的績效評估。傳達之前，部分參與者被誘導比其他人更加自我耗損。舉例來說，在一項研究中，大家看一段女性訪談的無聲影片。如參與者所知，據說這是因為研究人員想評估人如何根據肢體語言判斷事情。這段影片偶爾會出現一些常見文字在螢幕下方。為了引發自我耗損，部分參與者收到清楚指示，必須違背他們的自然本能：他們得知，螢幕下方無論何時出現文字，都應該視而不見，並且把注意力放回受訪對象身上。另一組人沒有收到任何指示，說明他們看到文字出現應該作何反應；這組人比較沒有自我耗損。接著參與者寫下要寄給接受壞消息的人的訊息。觀看影片但不需要行使自我控制的參與者以尊重的方式傳達訊息。例如，和吉姆說明他即將被裁員時，其中一人說：

因為公司業績不佳，我們不得不做出一些非常艱難的決定。為了儘量公平地處理此事，我們根據一些指標決定裁員的數量，包含部門績效、員工資歷和員工表現。由於你是我們最晚聘僱的員工，雖然你的表現有進步，但還達不到這個部門的標準。因此，我們會在七月一日正式解雇你。我真的很遺憾必須告訴你這個消息。我們真的很感激你對公司的貢獻，也會提供就業協助和二個月的遣散費，希望你和家人能夠順利度過這段時間。我必須再說一次，我真的感到萬分抱歉，吉姆。如果還有任何需要幫忙的地方，請務必告訴我。

對比之下，必須在看影片時先運用自我控制的人，寫下的訊息就呈現比較不尊重的風格。比方說，其中一人草率地寫道：

吉姆，由於業績明顯地下降，公司決定節省成本，包括遣散一定比例的員工。很遺憾，你是該部門七月一日正式被資遣的人。你會得到就業協助和二個月的遣散費。很抱歉告知你這個消息，希望你一切順利。

請注意這兩段訊息的本意其實很相近。正式裁員日期相同，提供吉姆的協助相同，都是幫他找別的工作，還有一樣的遣散費。然而，內容更有資訊性，語氣更有同理心的第一個訊息，比起第二個例子，幫吉姆保留了更多程度的尊嚴。[10]

另一個研究則在機場進行，結果顯示自我耗損如何造成不尊重的行為，只是這回表現差勁的人是顧客，而不是管理者。如果你近期搭過飛機，可能也注意到機場讓人情緒失控的情況層出不窮，例如緩慢前進的安檢隊伍、機票超賣、等候大廳擠得水洩不通、班機誤點等狀況。這簡直是自我控制的大考驗，多數人都準備迎接這個挑戰。但是就算我們都準備好了，也可能會以自我耗損的方式付出代價。戴索爾斯和其同事研究搭機乘客在登機大廳的行為並且發現，遇到更多困擾情況的人，例如前面提過的狀況，更容易對航空公司人員表現無理。比方說如果不能換座位，或是座位沒升等，他們更容易大呼小叫、到櫃臺捶桌子、翻白眼，或是辱罵登機人員。例如有名乘客因為把手機留在貴賓室想要回去拿，但航空公司告訴他飛機無法等候時，他把手邊喝的一大瓶水丟到登機人員旁邊。另一個場合是年輕夫妻因為錯過出國班機情緒失控，鬧到登機人員必須通知機場警衛處理。還有一些關於乘客拉扯工作人員掛繩、攻擊他們的故事，後來因為此事掛繩設計了緊急鬆脫裝置。

當然，這些發現可以解釋成有些人就是比別人更容易發脾氣。我們怎麼知道自我耗損對於這些「飛航暴力」案例造成什麼影響？在後續研究中，參與者被要求想像機場的不愉快經驗，例如是機票超賣的受害者。在這之前，一組人被引導成自我耗損狀態，他們必須寫一段描述日常生活的文章，但不能使用A和N這二個字母。另外一組寫一樣的文章，但沒有這麼困擾的情況：他們只要避開X和Y這二個字母。接著大家說明他們有多生氣和多可能對登機人員無理，例如翻白眼或是交談時一直嘆氣，還有責怪工作人員，雖然問題顯然超出他們能夠控制的範圍。不意外地，對於成為機票超賣受害者更生氣的人來說，他們更可能有無理表現。

然而，對於寫出自我損害版本文章的人更是如此。換句話說，不只是怒氣導致了無理行為；人在生氣和為了調節怒氣耗盡心力時，特別容易做出無理行為。[11]

缺乏慾望

了解過程的重要性和擁有必備技能，還是無法保證可以把過程處理好。慾望或動機是另一個主要因素。由於種種原因，管理者可能不願意表現任何有關高品質過程的行為。首先，這樣的行為會產生無法接受的連帶後果；姑且稱為「有害副作用」問題。此外，組織生活的現實面會引發其他動機，和高品質過程的理想背道而馳；姑且稱為「利益衝突」困境。

有害的副作用

高過程公平性有很多益處，但也要付出一定的成本。這就涉及公平過程的二大要素：**參與和解釋**，管理者或許因為害怕顯露無能或懦弱，不太情願讓別人參與決定或解釋他們做某些決定的原因。管理者若是持有權力的零和觀點，他們也許會覺得讓別人參與決策或解釋原因很不自在。他們越是允許員工參與決策，他們越可能認為自己的權力所剩無多。解釋賦予知識，如此可能賦予接受方權力。在此重申，持有權力零和觀點的管理者可能不希望解釋所做的決策。例如，法律顧問一般會建議裁員組織不要解釋或提供裁員消息，因為他們無論說了什麼，都一定能夠被那些提起不當解雇訴訟的人，拿來當作法庭上對付他們的材料。然而諷刺地是，比起更坦誠和更友善的做法，隱瞞消息反而會激起更多的憤怒和控告裁員組織的行動。

話說回來，管理者認為如果讓人參與或多做解釋會顯得自己比較沒力量，這個想法其實未必完全有錯。羅斯曼（Naomi Rothman）、威森菲爾德和其他同事近期做的一項研究中，參與者必須評鑑負責分配股利的投資銀行主管約翰（John）。有一半時間約翰被描述成讓別人參與決策的人：「他一直很主動徵詢下屬意見，讓他們說明去年度自己和別人的貢獻。而不是自己做決定。」另一半時間則說約翰不讓人參與：「他完全自己做決定，沒有詢問下屬對於去年度他們本身和別人的貢獻有何看法。」約翰不讓人參與時，大家認為他顯然有比較大的權力；例如，更能掌控人和資源。[12]

羅斯曼（Naomi Rothman）、威森菲爾德和其同事做的第二項研究中，參與者必須評價給予不同程度解釋的決策者。首先，參與者觀察二個人的會面情形，這二個人參與過前一次的研究，其中一人負責決定給另一個人多少獎金。假設接受方認為獎金很少，提出「我有問題。為什麼我最後拿到這個金額？」決定方以二種方式其中一種回應。一半時間他以肯定的語氣提供解釋：「我很抱歉。我會盡力提供說明。其實你沒有拿到低於標準的錢。只是粥少僧多。真的很抱歉！我很願意花更多時間解釋，可是我得趕去進行下一個研究。」另一半時間，決策者不提供任何解釋，並且採取防衛姿態地說，「這有什麼大不了的？我不會親自跟你解釋什麼。」看了他們的會面情形以後，參與者評估他們認為決策者有多少權力。他們認為不做任何解釋的決策者比起解釋的人更有權力。[13]

這些發現說明了一件事，**管理者為了看起來有權威，會避免解釋或不讓人參與決策**。儘管讓人參與和提供解釋的管理者，比起不讓人參與和不提供解釋的人，被認為比較沒有權威，但是我認為大家必須重新思考管理者若是讓人參與和提供解釋，真實權力會減弱的概念，原因有二。

第一，研究已充分證明，參與和解釋可以加強員工對上司和其決定的支持。[14] 如果管理者藉由參與和解釋獲得員工的擁護，那麼他們的權力基礎反而會增加而非減少。

第二，就算管理者很擔心提供參與和解釋會被如何看待，他們如果不提供參與和解釋，也會有損害名譽的風險。威森菲爾德和其同事要求參與者同時評估管理者的權力和地位。權力和地位互有關連，但不是同一件事。權力指的是有價資源的控制能力。地位指的是受到多少尊敬，或是在別人眼裡多有威望。提供參與和解釋的管理者雖然被評價為權力比較少，他們卻被認為地位比較高。[15] 因為害怕顯得無能而不想讓人參與或提供解釋的管理者，只能說是被誤導，要不然就是完全錯了。他們被誤導認為利用參與和解釋得到員工的擁護，可以讓他們站在更有權力的位置。完全錯了是因為得到更高的地位，根本不會讓他們變弱。

利益衝突

組織生活的現實面會引發管理者其他慾望，引而妨礙他們可能進行高品質過程的傾向。最近我親眼看見這樣的利益衝突發生。

一間中小銀行的副理「杰伊」的直屬上司「蘇珊」找他商量改革計畫，目的是為了改善公司提供給客戶的財務報告。杰伊認為蘇珊的建議完全等同商業決策，所以沒有任何反對意見。然而，杰伊明白新的方針會讓負責現有報告流程的「大衛」很為難。於是他建議蘇珊一起找大衛開會討論新做法。蘇珊欣然同意和他們一起開會，但是她堅持不要提及其中一個主題：這項改革即將帶給大衛的不自在。根據她的說法，這是一項「商業決策，」因此，討論受到連累者的情緒困擾很「不專業。」

組織畢竟是在「經營生意。」基於商業規則，組織有財務目標，因而強調合理性、效率和收支平衡等目的。根據墨林斯基、格蘭特和馬戈里斯做的近期研究顯示，當經濟思維（也稱為經濟模式）處於支配地位，決策者較不可能給予受波及對象尊嚴和尊重。換句話說，如果主管者透過經濟學視角看待世界，比較可能會忽視展現同理心的待人之道。在一項研究中，參與者必須傳達一個消息——由於校方財務吃緊，向來頒發給優秀論文寫作學生的獎學金即將減少。在傳達這個壞消息給當事人之前，所有參與者要先做完說故事練習。故事裡必須包含「經濟合理性、合邏輯、財務責任、效率、利潤、利己、成本效益分析、講求實際和專業」等字眼，由此一半的人被誘導成經濟思維。另一半的人注入較少的經濟思維；他們的故事必須包含「書籍、車子、椅子、電腦、書桌、筆、街道、餐桌和垃圾桶」等字。

被注入經濟思維的人傳達壞消息時，比較沒有同情心。比方說，其中一人直接說，「很遺憾在此通知你，我們必須扣除你三千元的獎學金。礙於目前的經濟狀況，我們只能降低學生的獎學金。」對比之下，不以經濟條件思考的人顯得有同情心得多。其中一人寫道，「我想說明關於獎學金的事。很遺憾，由於資金緊縮，獎學金不得不縮減。我知道這件事對你的困擾，也或許因此你必須做一些決定，如有任何問題請儘管提出，系上會盡全力協助你找到其他資助管道。我很抱歉必須這樣做，但是礙於現今的經濟狀況，我們根本無力繼續提供同等程度的資助。我只能再次表達歉意，請不要客氣在任何時候提出問題或要求協助。」[16]

研究人員進一步問參與者一些問題，確認具有經濟思維的人為何比較缺乏同情心。結果其中一個和參與者的情緒經驗有關，另一個則反映他們的表達方式。首先，具有經濟思維的人，比起沒有此思維的人，比較無法同情受波及對象。第二，類似於前面蘇珊的例子，相對於那些被注入較少經濟思維的人來說，他們更可能認為分享真實情緒很不專業。[17]經濟目的瀰漫於職場。不幸地，它們還可能凸顯了其他慾望，如不想顯得不專業，因而淘汰了同情心這個高品質過程的重要因素。

此外，不只是經濟慾望會影響管理者進行高品質過程的傾向。心理動機也會造成阻礙。雖然高品質過程有多種面向，但是根本原則是管理者必須為他人著想，而不是以自己為主。他們如果為別人設想，就會優先考慮員工發揮工作效率的需求條件。在行為層面，為他人設想的傾向會讓管理者努力縮短自己和員工的心靈距離。這表示他們能夠親近、傾聽別人的聲音，同時給予同情及指引。然而，組織生活的本質讓管理者傾向以自我為中心，降低了過程品質。[18]

讓我舉個例子。幾年前一家通訊業者請我和他們的管理部門會談，這家公司剛進行了首波的裁員計畫。當時是公司非常重要的時刻，在此之前他們素以專制企業文化著稱。裁員確實帶來很大的衝擊。跟我談話的倖存管理者都處於情緒十分緊繃的狀態。他們很不滿公司背離傳統的專制文化，覺得很慚愧沒有盡力阻止裁員發生，而且很擔心何時會發生連帶效應。如果說他們有最佳的出場時機，指的就是現在。但可惜地是，他們剛好持相反做法。裁員帶來的情緒壓力讓他們進入自我保護模式。裁員象徵的公司文化改變，深深影響管理者和他們的直屬下屬。換句話說，他們不只是改革推動者，而且也和他們的員工一樣，是改革的接受者。因此管理者自我保護的動機超過了想要照顧下屬的慾望，減弱了處理裁員過程的能力。

此外，還有另一個重要因素。那天的觀眾非常激動。確切地說，我感覺到他們的痛苦——情緒是有感染力的。研究已經證實，接近沮喪的人會變得沮喪，接近焦慮的人也會變得焦慮。[19]不出所料，我發現處於這群經歷混亂感受的人當中，非常辛苦。他們明顯地想要遠離員工。基於情緒感染力，我必須承認，一小部分的我也想要遠離他們。但僅止於一小部分；更大部分的我因為很同情他們的遭遇，想要表達關心之意。我們幾乎花了一整天思考如何能有建設性地幫助彼此和他們的直屬下屬，適應裁員之後公司的新面貌。

簡單點說，高品質改革過程的一個重要因素是為他人設想。尤其在必須做出艱難決定和負面情緒高漲的時候，管理者自然忍不住轉為自我保護模式。讓管理者想退縮的負面情緒可能是來自個人因素，例如生氣、焦慮和愧疚感，或者是他們不想「感染到」的員工情緒。假設他們屈服於這股退縮衝動，他們就不可能和他人交心，在這種情況下，過程品質就打了折扣。

事情太多，時間太少。另一個組織生活現實面是時間就是金錢，尤其在改革期間。在第三章我們談到改革過程管理良好的諸多因素，其反應架構如下：

改革＝（D×V×P）＞C

其中D代表表露對現狀的不滿，V代表提供未來狀態願景，P指的是由現狀轉為未來狀況的過程，C是減少改革成本。我向世界各地的管理階層推廣這個「DVP」架構。絕大部分的人都很能接受。他們知道如何以正確方法讓員工願意、而非抗拒實行必要的改革。後來我問他們一個簡單問題：這個架構為什麼說起來比做起來還容易呢？他們有各種答案，但是幾乎所有人都說，「我們沒時間。」他們理直氣壯地說，這個架構很費事。也是「所有」因素必須到位的模式；鐵鍊的韌性要看它最脆弱的部分。

因此，他們很正當地**感覺**好像沒有時間。

如果可以，我希望可以揮舞魔杖，讓有心改革的人有更多時間可以利用。可惜不可能，不過我真的有些想法可以改善組織改革時間緊迫的問題。首先，雖然牽扯改革過程處理得當的因素很多，但也不是每位管理者必須花很多時間滿足這些條件。我建議改革管理階層利用這個架構安排自己的時間，然後「分散和征服」各個因素。第二個法，甚至可說是更重要的一點是，負責推動改革的管理者必須重新考慮他們思考時間的方式。他們可能很想說，「我們現在沒時間做這個DVP模式；我們也許晚一點再說。現在，我們只需要完成改革，不管用什麼手段。」

這種思維方式有二個謬誤之處。第一，如果現在不處理好改革過程，未來根本不可能有更多時間進行。第二，如果執行改革者不能早點處理好改革過程，他們之後很可能為自己製造更大的麻煩。稍後他們必須處理綜合性問題，分別是（一）無法控制改革，因而無法獲得應有的利益，（二）必須解釋和修正一開始錯誤的進行方式。此外，一開始處理不好過程的改革執行者，之後有時間把事情做好嗎？不可能。對於認為自己沒時間在一開始處理好改革過程的人，我敢說現實不只是「現在或未來付出」的問題；而是「現在付出，否則未來要付出（更多）」的意思。

關於過程處理得當這點，預防確實勝於治療。

克服障礙

討論過進行高品質過程的障礙以後，我們可以更了解討論高品質過程，比起實際進行要容易很多。如我們所見，阻礙的方式形形色色。有時候我們就是不清楚過程很重要，或者有多重要。有時候是技巧的問題；計畫和執行決策的人可能缺乏必要的社交手腕，或是自我管理能力。有時候是缺乏意志力，而不是能力問題。找到障礙，我們才能更深入討論克服的做法，進而提高有效執行過程的可能性。盡力克服障礙是共同的責任：有管理者個人能做的事，也有組織能做的事。

個人能做的事

多數管理者多數時間都知道過程很重要，至少把它當成指導原則。儘管多數管理者大多了解過程的重要性，他們還是很難在具體情況下承認這點，尤其是必須決定怎麼處理事情的時候。為什麼？他們面臨的主要挑戰是過程要處理得好，他們必須調節自己的負面情緒。而產生負面情緒的部分原因和管理工作的本質有關，他們經常需要做出難以被接受的艱難決定。管理者也許對於決策本身感到生氣、焦慮或愧疚，他們也可能發現自己成為不滿群眾發洩負面情緒的目標，尤其在管理者必須告知他人即將失業的時候。就算在情緒比較沒那麼糟糕的情況下，例如組織改革和員工失業無關，改革仍然涉及員工失去某些他們想要保留的工作特點。更困難的是，身為改革執行者的管理人，經常背負壓抑情緒的壓力，導致需要很大的自我控制力。

簡而言之，很多情緒壓力如果不好好處理，實行高品質過程的效果會大打折扣。比方說，管理者更不可能以直接但尊重的方式溝通改革的本質。每次員工需要他們的時候，他們可能為了自我保護而退縮。[20] 他們也許會擔心處理好過程卻產生有害的副作用，例如假設他們讓別人參與決定，或者跟別人解釋為何做某些決定時，會顯得自己很軟弱。[21]

然而根據研究，人難免在情緒很差的工作狀態下走偏方向。有些人能夠調節自己的負面情緒，因而表現地很有建設性。近期有個研究檢視員工調節負面情緒的能力，如何幫助他們應付困難的工作環境，其中包含認定雇主的決策過程不公平的情況。如前所述，感受不公平過程的員工通常有不良反應。例如他們也許會以偷竊雇主財物作為報復手段。或是他們可能會退縮，無法做好分內工作。如果報復或退縮不可能、或不是對員工最有利的情況怎麼辦？他們有什麼辦法可以適應這個困難情況？

為了回答這問題，范迪克（Marius Van Dijke）、范夸魁北克（Niels Van Quaquebeke）和我開始進行一項荷蘭員工多產業研究。參與者針對他們通常在意的結果如薪資和升遷機會，評估其過程公平性。比方說，他們回答這類問題，「在這些進行過程中，你們能夠表達多少看法和感受？」和「他們的同事如何評估他們的工作表現，例如他們有多願意做的比要求的更多（「這名員工除了分內工作，在服務顧客時還做了什麼事？」）。

結果不出所料，多數認為組織處理過程不公的員工，工作都表現得不好。然而事情不見得都是如此。這一切要看承受不公平過程的一方，調節了多少負面情緒而定。有效調節負面情緒的人，即使面對不公平待遇的情況，依然能夠表現得很好。[22] 調節負面情緒有個辦法，那就是以自我負擔最少的方式，評估潛在引起不滿情緒的情況。比方說，員工接受上司的績效評估時，與其擔心留下不好印象，還不如設法把對話當成一種回饋，達成雇主對他們的期待。根據研究成果顯示，重新評估情緒可謂最佳的緩衝劑，能夠讓經歷不公平過程的員工，不會覺得該過程代表對個人的不尊重。例如，員工可能認為，「沒錯，我的老闆是不公平，但他也有壓力，」或是「過程也沒那麼不公平，因為老闆對其他人也是這樣。」

上述研究的「情緒再評估」評量等級由史丹福大學心理學家葛洛斯（James Gross）建立（請見附錄H）。你可以看見這個評量用的是概括性敘述，例如「我不想感覺太多負面情緒時，我會換個方式思考情況。」或「面對緊張情況時，我會以某種讓自己冷靜的方式思考情況。」[23]墨林斯基和馬戈里斯研究管理者如何面對不得不為的任務時，也就是通知員工資遣訊息，提出許多具體實踐的範例。有些管理者使用的有效做法，如下頁表6.1的示範說明，包括**合理化行動**、**隔離情緒**、**釋放情緒**和**分散注意力**。[24]

表6.1中的這四種方法雖然各自有些許差異，但管理者都必須在各種做法中求取平衡。舉例來說，合理化是主管控制內心愧疚感的方法，但是如果他們過份使用，可能會讓人覺得在責怪受害者。隔離情緒或轉移注意力有助於管理者專心傳達消息，但是難免有讓人覺得無情冷漠的風險。釋放情緒是不錯的想法，但前提是必須在實際傳達

表 6.1 ／管理者傳達壞消息時的情緒調節策略

策略	定義	說明
合理化行動	提供採取行動的正當理由，減少愧疚感和個人壓力。	「我觀察就業市場，目前景氣很熱絡。Apparel 公司多數人都還很年輕，擁有無限潛能。就連轉職服務人員都說過，Apparel 公司的人很有行情。他們的說法讓我們面對目前進行的工作時，大致上感覺好多了。」
隔離情緒	為了傳達不好的訊息，讓自己和情緒保持隔離。	「我發現暫時先把情緒擺一邊，自己會比較好過一點。我在事情發生前後處理情緒，但在會議期間，我會公事公辦，只專注於我的表現，把事情做好。」
釋放情緒	排遣或釋放負面情緒，為艱難對話做好準備，或者幫助事後復原。	「公司遭逢變故；如果你覺得別人正在經歷和你一樣的痛苦，就說出來吧，抒發對此過程的感覺，可以讓你得到釋懷。」
分散注意力	注意其他事情，焦點不要只擺在自己或受波及人員承受的壓力，如此可以成功傳達負面訊息。	「如果我沒有確認名單這樣東西，甚至是心理清單，我想我肯定會迷失方向，因為你很焦慮，對方也很焦慮，你也許才剛要切入重點，他們也許就用其他事情讓你分心，然後你忘了重點在哪裡。」

資料來源：墨林斯基和馬戈里斯提（二〇〇六年），〈裁員的情緒危機：領導者和機構的潛藏挑戰〉（The Emotional Tightrope of Downsizing: Hidden Challenges for Leaders and Their Organizations），《組織動態學》（Organizational Dynamics）第三十五期：第一五四頁。經由 Elsevier 同意轉載。

壞消息的前後時間進行，而不是在當下。調節負面情緒很困難，但確實可行。管理者在傳達壞消息時，越能調節無可避免的負面情緒，接受方就越可能做出建設性、而非破壞性的回應。

組織可以做的事

有些管理者能夠自動處理高品質過程障礙，但事情還是只做了一部分。其他部分必須由組織負責，目標是協助管理者處理障礙。有些組織提供訓練。研究證實訓練員工如何在思考和執行決策時保持公平，對於管理者和其直屬下屬都有正面效果。一項研究指出，經過訓練的管理者能夠自我調整得比較公平：比方說，他們更可能讓別人參與決策、說明決策，以及給予員工尊嚴和尊重。[25] 當然，重要的是參加訓練課程能否帶來持續性改變。在上述研究中，完成公平過程訓練的參與者，對自己表現公平的能力更有信心，這預示著他們在訓練結束後能夠持續表現公平。

這裡還有另一個重點，訓練課程對於經過訓練的管理者直屬下屬，同樣有顯著效果。比方說，直屬下屬更可能額外做一些非本分的工作，關於這點，研究已證實是上司確實對他們比較公平的明確指標。[26]在另一項研究中，公平性訓練讓直屬下屬在面對比較緊張的局面時，個人壓力比較少，例如被迫減薪。在這項研究中，作為節省成本部分措施，雇主（醫院）修改了員工（護理師）支薪方式。他們不再用小時計算薪資，過去護理師能夠以這種方式申請加班費，相反地，他們領取相同工作時數的薪水。這次薪資結構變動讓護理師的薪水縮減了近百分之十。在減薪之前，有些護理師管理人參與了過程公平性訓練課程，有些沒有參加。直屬主管參加過課程的護理師，比起主管沒參加過訓練的人，明顯地比較沒有失眠現象。換句話說，主管沒參加訓練的護理師不只損失了金錢，同時還犧牲了睡眠。[27]

過程公平性訓練課程還有兩個注意事項，符合本書重要主題。首先，訓練課程內容完全在參與者理解力範圍內進行。他們接受訓練的行為非常容易理解，雖然經常在急遽變化期間被忽視。內容包括以尊嚴和尊重方式待人，表達情感支持、讓員工容易親近他們，以及清楚和合理地解釋展開減薪計畫的原因。第二，訓練課程成本，雖然不是說幾乎不用花費任何時間和金錢，但也不是非常多。課程進行連續兩天的四小時訓練，總時數是八小時。而且我們也證實了過程不必太複雜和昂貴，同樣能夠得到很多的回報。

無論在符合訓練課程的環境或其他地方執行，重要的是組織要幫助管理者在決策和執行過程中調節所受的負面情緒。組織可以用以下三種方式扮演建設性角色：（一）引導管理者預期可能產生負面情緒；（二）制訂適當對話主題，討論負面情緒和相關挑戰；以及（三）協助管理者重新評估引起負面情緒感受的活動意義。

預期發生的事

關於執行高品質過程，說時容易做時難；組織應該和管理者說明，他們理應預期發生阻礙。能夠預期管理者可能面臨的痛苦情緒，實為處理情緒的首要步驟。我們預期到艱難情況，而不是突然面對相關情況時，就不會感覺那麼痛苦。舉例來說，這也是手術患者要提前知道預期的術後狀況的原因。

同樣的理論也適合說明雇主為何最好告知未來員工可以預期從工作得到什麼。雖然雇主往往做不到。為了吸引未來員工，他們總是盡力表現自己最好的一面。這樣做也許會吸引人才進入公司，但可能會有損公司留住他們的能力。工作的現實面和給人的期望不同時會帶來幻滅，而這種幻滅可能讓人想提前求去。減少提前轉職的方法是提供求職者真實工作預覽（Realistic Job Preview），讓他們同時了解工作的優勢和不利情況。[28] 讓人知道即將經歷的現實面，有助於他們靈活應對無可避免的不利情況。

管理者如果事前知道處理高品質過程的障礙，也會發生同樣的變化。如果他們也有「真實過程預覽，」知道在追求公平的過程中，或是盡力遵守改革管理原則時（如第三章所提）可能會經歷什麼困難，他們也許更能適應這樣的困境。真實過程預覽的關鍵元素是提前警告過程可能帶給人的痛苦。如果同樣的阻礙讓管理者沒有心理準備，他們可能會躲進自我保護的外殼裡。

舉例來說，在墨林斯基和馬戈里斯研究的裁員組織裡，一名人事部經理即將走進會議室，通知員工必須裁員的消息。這位人事部經理由身形強壯的資深業務部經理陪同，後者認為自己可以勝任傳遞壞消息的角色。「我來處理，」他很有信心地告訴人事部經理。然而，會議才剛開始不久，這位業務部經理就被會議瀰漫的痛苦情緒嚇壞了，這其中包含自己和被裁員工的情緒，於是人事部經理不得已只好接手處理。[29] 拿到真實工作預覽的人會保持現狀，因為他們不可能比預期的時間更早離開公司，同樣地，拿到真實過程預覽的人也會保持現狀，因為他們不會拒絕和別人溝通。他們能夠關注別人所需，因此過程處理得很好。

需要討論的事

「承受負面情緒」是妥善處理過程的潛在障礙。如果再加上有人認為承受的負面情緒無法開放討論，情況會更嚴重。這是人人避之唯恐不及的棘手問題。這問題不但感覺得到，還讓人疲憊不堪，其中原因是有人認為必須表現得像沒有承受負面情緒一樣。畢竟他們不想被認為「不專業。」然而，如果我們可以允許討論棘手問題呢？縱使這樣無法讓負面情緒消失，但我們可以把情緒管理得更好，讓高品質過程更順利進行。

這些互動發展我在幾年前親眼看過。當時和我合作的公司總裁必須做出結束工廠的艱難決定。工廠製造的產品是公司多年來的信譽保證，可惜因為產品利潤降低，好景不再。這位總裁在解釋關閉工廠的原因方面，做了一次成功的商業範例。但他做的不只如此。他以最誠懇的方式告訴團隊，自己面臨抉擇時經歷的痛苦感受，猶豫掙扎；然而他也同時表示，以公司的長期利益來看，無論如何，他確信這是正確的抉擇。

以此方式，他找到合理的理由承受痛苦和表達感受，在他底下的中級主管也非常能感同身受，畢竟他們也要負責工廠關閉的實際作業，到時候一樣會出現類似的困難。在第三章我們討論過，管理良好的改革過程中，其中包含高階主管必須帶頭示範改革所需推動的新作為。這位總裁不僅示範新行為；他容許自己承認抉擇時所感受的情緒和掙扎，而且還成功表達了組織因為考量長期利益，不得不做的抉擇。

他負責的團隊還是要執行工廠結束的艱難任務。但是因為總裁盡力表達了所有人即將面臨的困境，這些受波及的人員也能夠在得到尊嚴和尊重的情形下，度過這段艱難時期。受到總裁開放的態度鼓舞，團隊也會自願傾聽彼此經歷的混亂情緒，如此他們的經驗也會變得比較能夠忍受。就某種意義來說，總裁表達的意思是，如果團隊無法讓討論負面情緒變成正當的對話主題，他們才顯得很不專業。

重新評估的事

關於個人可以做的事，我們的討論證實，重新評估負面事件的人，能夠繼續堅持組織的重點目標。（請見附錄H情緒再評估量表的一般說明和前面表6.1的具體做法示範。）雖然個人方面都很願意主動再評估，但是表6.1的每個例子，有些工作也可以由組織順利完成。比方說，在合理化策略方面，管理者的上司能夠針對特定的行動方案，提供合理可靠的執行理由，他們就更有能力達到目標。

「轉移注意力」的策略也適用於組織影響。衛斯理安大學（Wesleyan University）的行政人員在二〇〇九年的畢業典禮上做了最佳示範，我們的兒子剛好也在那年畢業。當時畢業前的幾個星期，校園書局裡發生了槍擊事件，造成一名學生不幸死亡。這個悲劇給整個大學社區在畢業前蒙上一層陰影。在畢業典禮上，學校以非常感人的方式，表達對被害學生和家屬的致意。儘管此事是畢業典禮的重要部分，但並沒有影響畢業活動進行。因為在表達了應有的尊重之後，大學校長羅斯（Michael Roth）巧妙地讓大家將注意力放回當天的表定程序：二〇〇九屆的畢業典禮。

墨林斯基和馬戈里斯分析注意力轉移策略時，認為組織可以有幾種做法。比如說，如果組織在傳達艱難抉擇方面，提供明確和重視人際溝通的準則，管理者或許會更關注傳遞的過程，而非在意抉擇本身的痛苦情緒。墨林斯基和馬戈里斯也提到，參與研究的管理者有些刻意將注意力由必須做的事，轉移至其他更正面的生活面向。如其中一位所言，「我盡量想其他的事，例如我的家人，我的孩子即將或當天晚上要參加的比賽。」[30]

以此類推，組織也可以做些事影響管理者的關注焦點。此外，有些注意力轉移的具體做法，特別能幫助管理者度過艱難時期。注意力集中在重新肯定自我概念方面，可能特別有建設性。在前面提過的研究中，我和范迪克等人發現，重新評估能夠減緩低過程公平性帶給接受方的負面衝擊，讓他們不會覺得自己那麼糟。比方說，面對低過程公平性的人，越是重新評估，越會贊同這類說法「我認為我在公司名聲不錯」和「公司多數人都很尊敬我。」[31] 如果轉移注意力很有用，如果這麼做更能達到自我肯定，那麼圖4.1的觀念概述，也許為組織能夠成就的事，提供了一些有用線索。

最後是發展激勵和支援的結構

這是我對組織可做的事最後的建議——回想最初開始的地方。

本書第一章的序幕提醒過組織不可只強調結果，否則基本上的意思是「我不管你們怎麼做到，總之非做到不可。」結果固然很重要，但他們也必須用正確的方式取得。這不是結果**或**過程二選一，而是結果**和**過程並重的問題。多數組織很擅於強調結果的重要性，但實際要加強的地方還有很多。正如更多人提及「利害相關人士」而不僅是「股束」的這個事實，大家也逐漸意識到，組織表現好壞的指標可能有各種形式。不管如何，多數組織仍要加強將過程考量納入重要準則的工作。

在第三章，我談到組織推動改革時，必須建立激勵和支援的結構。這樣的結構包含讓員工投入改革（讓他們想達成）和擁有能力改革（讓他們有能力達成）的正式組織作業。激勵和支援結構也有利於管理者處理傳遞高品質過程時所遇到的障礙。有些障礙是動機引起的，管理者不想要執行高品質過程必須做的事。克服動機障礙的方式是鼓勵管理者不只關心結果，也要在乎過程。

百事公司的「多元包容措施」就是最好的例子。這位創立公司的總裁雷蒙德（Steve Reinemund）很重視公司如何管理多樣化員工，這裡指的是有色人種、少數民族小組成員和女性員工。雷蒙德在二〇〇〇年就任時，公司在吸引、留住和提拔多樣化員工方面，信譽很差。他帶頭推動一項大膽改革——正式評估和獎勵管理者辦法。除了一般的「業務」標準（營業額收益），雷蒙德推動「人本」考量，評估管理者有關多元化和包容性的表現。

人本考量包含營業額成果。不過評量過程由上面開始。獎勵雷蒙德和其高階主管部門的標準，不只根據財務績效，也要根據他們在吸引、留住和提拔多樣化人才方面的表現。實際上，在一年內，公司在財務上成績亮眼，但有關多元化方面的績效很差。為了強調改革推動者必須言出必行（不顧百事公司董事會的強烈忠告），雷蒙德自願接受實施多元化和包容性措施以前，以傳統財務標準計算更低的薪水。[32]

為了在組織其餘部分推動多元化和包容性措施，百事公司不只強調吸引、留住和提拔多樣化員工的績效標準。他們也確認管理者致力達成目標時必須表現的行為。以這種方式，百事公司向管理者表明，過程也是重要的考績評量標準。他們必須達到目標，但是以正確目的達到目標也很重要。任職於百事公司的組織心理學家邱曲（Allan Church），負責設計和制訂支持多元化和包容性措施的員工意見調查和管理者回饋方案。比方說，高階主管的薪資取決於他們某些行為的評價，例如「推展業務或執行措施時，顯示對於跨文化影響的敏感度和察覺。」針對下一個等級的管理部門，薪資取決於他們多有能力「促進正面和包容性工作環境，讓人人都感覺受尊重，自己的貢獻獲得肯定。」並且所有員工薪資也根據某些行為而定，例如「對待來自不同文化或其他差異的人時，對此差異表現的敏感度。」[33]

為了追求廣告的真實性，我應該強調根據過程和結果評估決策和決策者的考核系統，其實很難建立。舉例而言，你必須確認包含高品質過程的作為、正確評估表現，並且以讓人願意和能夠接受的方式給予回饋。由於這一切都需要投入許多精力和時間，這也許說明了很多公司為何只採用成果考核標準的原因。儘管如此，這些在評估決定時沒有將過程納入考量的人，以及決策者也要承擔風險。不好的過程經常導致不好的結果；只是時間早晚的問題。這些「沒有時間」根據過程考核決策和決策者的人，之後更是不容易有時間處理他們在第一時間因為沒有做好事情所導致的困境。再說一次，這只是現在還，或者以後還（更多）的問題。

考核和評估制度不只是建立結構，讓管理者得以克服執行高品質過程的障礙。有些組織利用事後評估（After Action Reviews，簡稱AARs），讓決策者認真考量如何同時改善成果和過程。想當然爾，AAR的價值在於執行的做法。

達林（Marilyn Darling）、帕里（Charles Parry）和摩爾（Joseph Moore）在其著作中，說明如何進行AAR的具體建設性方法。在許多值得注意的觀察中，他們認為事後評估的「後」這個字眼，有一點誤導作用。成功的AAR特質是「事前評估，」，決策者確認他們想要達到的目標、評量達到與否的方法，預期遇到的挑戰、從過去類似案子中學到的經驗，以及他們認為這次可能成功的條件。預先回答這些問題，有助於事後建立更有用的AAR。[34]有關過程公平性之類的訓練課程，依然是另一個可能幫助管理者克服障礙的訓練結構。35

激勵和支援的結構讓過程考量在兩個層面上更有影響力，分別是具體性和象徵性。具體方面，這些結構能夠鼓勵大家留意做事方法，如同百事公司有關多元化和包容性措施的考核制度，同時也能夠訓練大家更有能力執行這個做法，如同 AAR 或訓練課程。另一方面，激勵和支援結構也有很重要的象徵意義。組織如此大費周章執行的事實，傳遞出一個明確和顯著的訊息：過程很重要。

本章摘要

既然過程這麼重要，我們就必須了解為何管理者往往無法以正確的方式做事。因此本章特別指出管理者進行高品質過程的障礙。我討論三種障礙類型：分別以知識、技巧和慾望為導向。

有時候，管理者不知道過程很重要（或者有多重要）。既使他們知道，也仍然可能無法進行高品質過程，因為不是缺乏技巧，就是缺乏意願。說明障礙以後，我們可以更實際一點討論管理者或員工個人，可以有什麼做法克服障礙。

過程要處理得當，需要有能力處理負面情緒的艱難處境。比方說，必須調節計畫和執行決策時所產生的焦慮、生氣和愧疚情緒。這些和其他負面情緒能夠讓管理者變得只關注自我，然而為了妥善處理過程必須將注意力轉至他人。參與重新考核情緒調節策略的管理者，比較不會只注意自己，而是更在乎別人。表6.1針對管理階層進行通知裁員之類痛苦任務時，提供如何重新評估情緒的具體示範。

如同個人可能會自動調節負面情緒，組織也可以幫助個人創造更可能達成的條件。舉例來說，組織可以幫助管理者預期負面情緒、公開談論情緒，而且重新評估情緒。所有動作都有助於管理者更靈活應對情緒失常的情況，因此達到進行高品質過程的目的。此外，正式組織編制如考核和獎勵制度、事後評估和訓練課程，不僅能夠鼓勵和支持管理者做好過程處理的工作，而且還能傳達過程很重要的象徵性訊息。

謝辭

我在波士頓（Boston）著手寫這本書的時候，正好在哈佛商學院休假研究期間。四十年前，我在同一個地方攻讀塔夫茨大學（Tufts）心理學博士，我的恩師羅賓先生（Jeff Rubin）說，當時我承諾要認真投入寫作。在有關強調過程的課程中，他建議我不只要注意「內容（what）」，也不可輕忽實踐的「方法（how）」。自此，我將羅賓的話銘記在心，作為日後學術筆耕的原則。不過這次這本書，我希望能吸引更廣泛的群眾閱讀。曾是《紐約時報》「週二科學版」的撰稿人高爾曼（Daniel Goleman），如今已是暢銷書作者。個人很欣賞他在社會科學研究領域上能夠去蕪存菁，提出觀眾容易消化的重點。我決定效法這樣的風格寫一本書。

說實話，這本書如果沒有來自各界的協助，根本無法完成。我由衷感謝專業上的朋友和同事，針對本書不同的手稿版本提出深入的評析，他們分別是阿瑪泊（Teresa

Amabile）、布里夫（Art Brief）、克勞姆（Alia Crum）、格蘭特（Adam Grant）、赫茲（Eric Hertz）、馬戈里斯（Joshua Margolis）、馬汀（Ashley Martin）、墨林斯基（Andy Molinsky）、滕布朗索（Ann Tenbrunsel）和崔唯諾（Linda Treviño）。感謝普林斯頓大學出版社的編輯列文森（Meagan Levinson）和施瓦茲（Eric Schwartz），以及出版社同仁貝克爾（Jenn Backer）和帕靈頓（Ali Parrington），還有史丹福大學出版社的弗萊明（Margo Fleming）。我也感激幾位多年好友真心關注本書，還幫我閱讀早期的手稿，他們是奧爾巴赫（Auerbach）、高爾德（Richard Gold）和史騰（Eric Stern）。

感謝家人最大的支持。兒子艾列特（Eliot）、達斯汀（Dustin）和路卡斯（Lucas）為本書貢獻不少好點子，還帶給我下一本書的靈感。感謝啦，小子！當然，妻子奧黛麗（Audrey）對我的幫助，言語不足以形容。奧黛麗總是我頭號擁護者，尤其針對這次的計畫。她對很多事情有獨到見解，我很幸運在這次寫作的素材和風格方面，可以參考她的意見。通常我會寫個幾頁之後請教她的看法。本書完全依此程序進行。她不只提供真正實用的建議，而且幾乎以最快的時間進行；過程到底才是重點。我把此書獻給奧黛麗，藉此表達我的敬佩、愛慕與愛意。

附錄A／「改革實施問卷」調查表

以下問卷旨在協助管理者診斷身為改革推動者個人的優勢和弱點。未經作者允許，請勿使用此工具。*

姓名：＿＿＿＿＿＿＿＿＿＿

說明：領導者往往必須肩負計畫和實施組織改革的重責大任。改革規模可大至公司整體，例如組織成長、重組、再造、新技術引進、併購或遷移。也可能是小範圍進行，例如發生在小組或業務方面。有時候改革規模甚至更小，例如改變下屬和同事的行為。以下問卷涉及執行改革時的行為傾向，無論改革的規模大小。針對下列各種行為描述，請寫下您認為個人依此表現的頻率。請使用以下等級區分。

1 完全不會發生　2　3 有時發生　4　5 經常發生

等級	問題
	1. 我清楚說明為何改革前的現況讓人無法接受。
	2. 我幫助大家取得資訊（例如競爭條件和公司業績），讓他們為了自己，了解必要改革的時機和原因。
	3. 我提出改革是因為預測到問題，而不是為了因應已經浮出檯面的問題。
	4. 即便在近期業績很好的情況下，我還能營造改革的迫切性。
	5. 我讓大家明白，他們應該預期組織會定期推動改革。

■注意：第6至9項的「願景」二字，意指組織未來美好狀態的內心形象。

等級	問題
	6. 我在整個改革過程中，提醒大家共同的願景。
	7. 我傳達人人容易理解的願景。
	8. 我傳達人人熱切實現的願景。
	9. 我讓人「完全相信」（忠誠於）此願景。

____ 10. 宣布必須改變目前業務時，我對於過去表現優秀的業務表示敬意。

____ 11. 提及改革事項時，我也說明不會更動的部分。

____ 12. 推動改革時，我「說到做到」；也就是說，我示範必須採取的新作為。

____ 13. 在改革過程中，我盡力確保大家至少進行一些可能會成功的任務。

____ 14. 我積極宣傳支持改革工作者的活動。

____ 15. 我發現關鍵人物對於改革的看法，也就是他們可能贊成或反對。

____ 16. 我制訂行動計畫，努力爭取可能贊成改革的人的支持。

____ 17. 我制訂行動計畫，設法處理可能反對改革的人。

____ 18. 我特別重視「意見領袖」，爭取他們對改革工作的支持。

■注意：第19至20項的「計畫」二字，意指實際執行改革時必要採取的具體步驟。

____ 19. 為了打造計畫，我聽取各方意見，找出完美執行計畫的方法。

____ 20. 我向適合的員工宣揚此計畫，爭取他們的支持。

■注意：第21至22項所謂的「支援結構」，指的是組織用來執行新作業方式的正式編制。其中包括但不限於招聘作業、訓練課程、生涯規劃、考核和獎勵制度、組織結構、任務小組等。

21. 我很主動參與建立支援結構的工作，而不是把工作推給別人。
22. 我說明支援結構的改革事項如何象徵改革預期的方向。
23. 我以各種不同方式說明改革工作相關的重要資訊。
24. 傳達資訊給大家以後，我會確認他們如何解讀資訊。
25. 我給人機會溝通改革工作（例如透過門戶開放政策，四處走動式管理、會議問與答時間等方式。）
26. 對於攸關員工的重大改變，我會特別提早通知。
27. 管理改革時，我會盡力讓人得到尊嚴和尊重。
28. 針對改革進行方式，我會提供大家很多訊息。
29. 在改革期間，我收集大家對於改革工作成果的回饋。
30. 我根據收集到的改革工作回饋做適當調整。
31. 我表示充分理解他們很難實行改革的可能性。
32. 我製造機會讓人學習或培養改革工作必備的新技能。
33. 我公開允許大家談論他們對改革的反應。
34. 在改革工作期間，我給大家機會，做些能夠自我「掌控」的工作。

附錄B／「改革實施問卷」評量計分指南

行動步驟	問卷項目	個人平均
分析改革需求（D）	1～2	（第1至2項總和）除以2＝
營造迫切感（D）	3～5	（第3至5項總和）除以3＝
願景（V）	6～9	（第6至9項總和）除以4＝
和過去區隔（P）	10～11	（第10至11項總和）除以2＝
塑造強大領導者角色（P）	12～14	（第12至14項總和）除以3＝
組織政治支持者（P）	15～18	（第15至18項總和）除以4＝
打造實施計畫（P）	19～20	（第19至20項總和）除以2＝
發展支援結構（P）	21～22	（第21至22項總和）除以2＝
溝通、參與、坦誠（P）	23～28	（第23至28項總和）除以6＝
監督和修正（P）	29～30	（第29至30項總和）除以2＝
降低改革成本（C）	31～34	（第31至34項總和）除以4＝

改革＝（D×V×P）>C

D指的是：顯露對現狀的不滿
V指的是：提供未來狀態願景
P指的是：由現狀移至未來狀態的過程
C指的是：降低改革成本

前頁表格中括號內的字母即分別代表行動步驟分屬的類別。

附錄C／調節焦點量表

請說明您認為下列各個敘述適用於您的程度。

＊引用來源：P. Lockwood, C. H. Jordan, and Z. Kunda (2002), “Motivation by Positive or Negative Role Models: Regulatory Focus Determines Who Will Best Inspire Us,” *Journal of Personality and Social Psychology* 83: 854–64.

1	2	3	4	5
完全不適用		有些適用		大部分適用

程度	問題
____	1. 一般來說，我很注意避免生活的負面事件。
____	2. 我很擔心無法負擔責任和義務。
____	3. 我常想到未來恐怕會變成的人。
____	4. 我常擔心無法完成課業目標。

5. 我常想像自己經歷了害怕會發生在自己身上的壞事。
6. 我常思考如何避免人生的失敗。
7. 比起達到收益，我更趨向於避免損失。
8. 現在我在學校的主要目標是避免成績不合格。
9. 我認為自己是個傾向追求成為「應該」自我的人——履行任務、責任和義務。
10. 我常想像自己如何實現願望和抱負。
11. 我常想到理想中未來我想成為的人。
12. 我通常專注於未來希望實現的成功。
13. 我經常想到要如何達到學業成就。
14. 我目前在學校的主要目標是實現學業目標。
15. 我認為自己是主要追求成為「理想自我」的人—實現我的理想、願望和抱負。
16. 一般來說，我專注於實現生活的正面成果。
17. 我經常想像自己經歷了希望發生在我身上的好事。
18. 總之，我更趨向於實現成功，而非避免失敗。

第1至9項評量避免焦點。您越肯定這些敘述，您的避免焦點越強烈。
第10至18項評量提升焦點。您越肯定這些敘述，您的提升焦點越強烈。

附錄D／工作調節焦點量表

請說明您認為下列各個敘述適用於您的程度。

＊引用來源：M. J. Neubert, K. M. Kacmar, D. S. Carlson, L. B. Chonko, and J. A. Roberts (2008), "Regulatory Focus as a Mediator of the Influence of Initiating Structure and Servant Leadership on Employee Behavior," *Journal of Applied Psychology* 93: 1220–33.

1	2	3	4	5
完全不適用		有些適用		非常適用

程度	問題
____	1. 我專注於精確完成工作和任務，以期增加工作安全感。
____	2. 工作上，我專心完成被指派的任務。
____	3. 履行工作職務對我來說很重要。
____	4. 工作上，我盡力做好別人交付給我的任務和職責。

5. 工作上，我經常專注於完成滿足我安全感需求的任務。
6. 我竭力避免工作上的損失。
7. 工作安全感是我求職的關鍵因素。
8. 我專注於避免工作的失誤。
9. 我很小心避免讓自己遭受可能的工作損失。
10. 我在工作上把握任何機會，向最高的目標推進。
11. 我在工作上傾向冒險求得成功。
12. 如果我有加入高風險、高報酬計畫的機會，我絕對會把握它。
13. 如果我的工作無法求得進步，我可能會找新工作。
14. 成長機會是我求職的重要因素。
15. 我專注於完成提升自己的工作任務。
16. 我花很多時間想像如何實現抱負。
17. 我的工作優先順序取決於我渴望達成的抱負。
18. 工作上，激勵我的力量是我的願望和抱負。

第1至9項評量避免焦點。您越肯定這些敘述，您的避免焦點越強烈。
第10至18項評量提升焦點。您越肯定這些敘述，您的提升焦點越強烈。

附錄E／「敞心人」量表

請說明您認為下列各個敘述適用於您的程度。

＊引用來源：L. C. Miller, J. H. Berg, and R. L. Archer (1983), "Openers: Individuals Who Elicit Intimate Self-Disclosure," *Journal of Personality and Social Psychology* 44: 1234–44.

1	2	3	4	5
完全不適用		有些適用		非常適用

程度	問題
____	1. 大家常跟我說他們的私事。
____	2. 有人告訴我，我是很好的傾聽者。
____	3. 我很容易接受別人。

4. 大家都相信我會保守他們的秘密。
5. 我很容易讓別人「敞開胸懷。」
6. 大家覺得跟我相處很輕鬆。
7. 我很喜歡聽別人說話。
8. 我對別人的問題感同身受。
9. 我鼓勵人告訴我他們的感覺。
10. 我能讓別人一直談論他們自己。

附件F／「奧爾波特－維農－林西（Allport-Vernon-Lindzey）價值類型」量表

引用來源：G. W. Allport, P. E. Vernon, and G. Lindzey (1970), *Study of Values, Revised 3rd Edition* (Chicago: Riverside Publishing). Courtesy of Robert Allport. Reproduced with permission.

1. **理論型**。理論型的人主要興趣在發現真理、知識的系統化次序。個人興趣屬於經驗性、批評和推理。
2. **經濟型**。經濟型的人主要偏愛實用的東西。這類型的人喜歡商業界的實際事務、使用經濟資源和累積有形財富。這種人完全是「實際派，」很符合美國商業人士的刻板形象。
3. **美感型**。美感型的人主要興趣是生活的藝術面，雖然這類的人不見得是充滿創意的藝術家，但他們很重視形式與和諧；以優雅、對稱或和諧的角度看待經驗。
4. **社會型**。社會型的人基本價值觀是愛人—愛的利他或博愛特質。這類的人以人為本，一般來說很善良、有同情心和無私。
5. **政治型**。政治型的人是以權力為導向的象徵，不見得在政治圈，也可能在其他任何工作領域。多數領導者有高度的權力意識。

6. **宗教型**。宗教型的人的心理結構，永久趨向創造最高和絕對讓人滿意的價值經驗。其核心價值是一致性。這類的人追求使用有意義的方式認同宇宙，並且有神秘傾向。

附件G／道德認同量表

道德認同評量我們自我定義的核心有多少道德特質。有些人比其他人更認為道德是他們的認同核心。

＊引用來源：K. Aquino and A. Reed II (2002), "The Self-Importance of Moral Identity," *Journal of Personality and Social Psychology* 83: 1423–40. Copyright © 2002 by the American Psychological Association. Reproduced with permission. No further reproduction or distribution is permitted without written permission from the American Psychological Association.

說明：以下是可能用來描述一個人的特徵：

有愛心、**憐憫心**、**公平**、**友善**、**大方**、**有用的**、**認真**、**誠實**、**仁慈**

擁有這些特徵的人可能是您，可能是別人。請在心中想像擁有這些特質的人。想像那個人會如何思考、感覺和行動。等我們對這個人的可能面貌有了清楚想像，請回答以下問題。

請依照1到7的級別回答問題，其中1代表「非常不同意」，7代表「非常同意。」

____ 1. 成為擁有這些特質的人，我會感覺很好。

____ 2. 成為擁有這些特質的人是代表我是誰的重要部分。

____ 3. 我羞於成為擁有這些特質的人。

____ 4. 擁有這些特質對我而言不是很重要。

____ 5. 我強烈渴望擁有這些特質。

評分說明：用「8」減掉第三和第四個問題的答案。然後將五個分數加總。分數越高表示，道德對您的自我認同越重要。

附件H／情緒再評估量表

*引用來源：J. J. Gross and O. P. John (2003), "Individual Differences in Two Emotion Regulation Processes: Implications for Affect, Relationships, and Well-Being," *Journal of Personality and Social Psychology* 85: 348–62. Courtesy of James Gross. Reproduced with permission.

說明：請說明以下敘述與您的相關性。請使用下列評分標準：

如果您　非常不同意　　這項敘述，請寫1。
如果您　大致上不同意　這項敘述，請寫2。
如果您　既不同意也不反對　這項敘述，請寫3。
如果您　大致上同意　　這項敘述，請寫4。
如果您　非常同意　　　這項敘述，請寫5。

____ 1. 我藉由改變思考自身處境的方式控制情緒。

____ 2. 我不想感覺太多負面情緒時，我會換個方式思考情況。

3. 我想感覺更多正面情緒時，我會換個方式思考情況。

4. 我想感覺更多正面情緒時（例如喜悅或樂趣），我會改變思考內容。

5. 我不想感覺太多負面情緒時（例如傷心或生氣），我會改變思考內容。

6. 面對緊張情況時，我會以某種讓自己冷靜的方式思考情況。

各章注釋

第一章

1. 卡特（B. Carter），〈雷諾祝福『今晚秀』接班計畫〉（Leno Blesses ‘Tonight Show’ Succession Plan），《紐約時報》，二〇一三年四月三日，C7版。
2. 布洛克納和威森菲爾德（一九九六年），〈解釋決策反應的整合架構：結果和程序的交互影響〉（An Integrative Framework for Explaining Reactions to Decisions: The Interactive Effects of Outcomes and Procedures），《心理學公報》（Psychological Bulletin）第一二〇期：第一八九到二〇八頁。
3. 洛克（E. A. Locke）（一九六八年），〈任務動機和獎勵理論〉（Toward a Theory of Task Motivation and Incentives），《組織行為和人力績效》（Organizational Behavior and Human Performance）第三期：第一五七到一八九頁。
4. 蘭格和羅登（一九七六年），〈選擇效應和加強老年照護個人責任：機構環境的實地研究〉（The Effects of Choice and Enhanced Personal Responsibility for the Aged: A Field Experiment in an Institutional Setting），《人格和社會心理學期刊》（Journal of Personality and Social Psychology）第三十四期：第一九一至到一九八頁。
5. 亞當斯（一九六五年），〈社會交換理論的不公平〉《實驗社會心理學發展》（Advances in Experimental Social Psychology），伯克維茲（L. Berkowitz）編著（紐約：Academic Press），第

二六七到二九九頁。
6. 蒂博和沃克（一九七五年），《程序公平：心理學分析》（Procedural Justice: A Psychological Analysis）（紐約希爾斯代爾：Erlbaum）；林德和泰勒（一九八八年），《程序公平的社會心理學》（The Social Psychology of Procedural Justice）（紐約：Plenum Press）。
7. 謝爾曼（二〇一四年），〈福特萬聖節語音解雇一百名員工〉（Ford Fires 100Factory Workers by Robocall on Halloween），http://jobs.aol.com/articles/2014/11/04/fired-fires-factory-workers-robocall-halloween/?icid=maing-grid7|htmlws-main-bb|dl18 |sec1_lnk2%26pLid%3D557327。
8. http://www.smh.com.au/technology/technology-news/oops-email-misfire-sacks-all-1300-staff-20120424-1xflp.html.
9. 林德、葛林伯格、史考特（K. S. Scott）和威爾卻司（T. D. Welchans）（二〇〇〇年），〈員工變原告的曲折發展：錯誤結束聲明的情境和心理決定因素〉（The Winding Road from Employee to Complainant: Situational and Psychological Determinants of Wrongful-Termination Claims），《管理科學季刊》（Administrative Science Quarterly）第四十五期：第五五七到五九〇頁。
10. 列文森、羅特（D. L. Roter）、穆路禮（J. P. Mullooly）、道爾（V. T. Dull）和弗蘭克爾（R. M. Frankel）（一九九七年），〈醫病交流：與主治醫師和外科醫師醫療事件索賠的關係〉（Physician-Patient Communication: The Relationship with Malpractice Claims among Primary Care Physicians and Surgeons），《美國醫學會期刊》（Journal of the American Medical Association）第二七七期：第五五三到五五九頁。
11. 羅森塔爾（E. Rosenthal），〈醫學院預科新訴求：心、靈魂和社會科學〉（Pre-Med's New Priorities: Heart and Soul and Social Science），《紐約時報》，二〇一二年四月十三日。

12. 黑克曼（Hackman）（一九八七年），〈工作小組規劃〉（The Design of Work Teams），《組織行為手冊》（Handbook of Organizational Behavior），洛爾施（J. Lorsch）編著（紐約恩格爾伍德峭壁：Prentice-Hall），第三三三頁。
13. 比爾（一九八八年），〈領導變革〉（Leading Change），《哈佛商學院背景說明》（Harvard Business School Background Note），四八八—〇三七號。
14. 史帝爾（一九八八年）〈自我肯定心理學：維持自我的完整性〉（The Psychology of Self-Affirmation: Sustaining the Integrity of the Self），《實驗社會心理學發展》，伯克維茲編著（紐約：Academic Press），第二六一到三〇二頁。
15. 凱伯、吉諾和史塔茲（二〇一三年），〈訓練員工還是誘導他們最好的表現？重新定義有關新人真正自我表達的社會化〉（Breaking Them in or Eliciting Their Best? Reframing Socialization around Newcomers' Authentic Self-Expression），《管理科學季刊》第五十八期：第一至三十六頁。

第二章

1. 亞當斯，〈社會交換理論的不公平〉。
2. 蒂博和沃克，《程序公平：心理學分析》；林德和泰勒，《程序公平的社會心理學》；福爾杰和葛林伯格（一九八五年），〈程序公平：人事制度的解釋性分析〉（Procedural Justice: An Interpretive Analysis of Personnel Systems），《人事和人力資源管理研究》（Research in Personnel and Human Resources Management），羅蘭（K. Rowland）和費里斯（G. Ferris）編著（康乃狄克州格林尼治：

JAI Press），第一四一到一八三頁。
3. 利文撒爾、卡露薩（J. Karuza）和弗萊（W. R. Fry）（一九八〇年），〈公平性除外：分配偏好理論〉（Beyond Fairness: A Theory of Allocation Preferences），《公平和社會互動》（Justice and Social Interaction），米庫拉（G. Mikula）編著（紐約：Springer-Verlag），第一六七到二一八頁。
4. 拜斯（一九八七年），〈不公平困境：義憤管理〉（The Predicament of Injustice: The Management of Moral Outrage），《組織行為研究》（Research in Organizational Behavior），卡明斯（L. L. Cummings）和史達（B. M. Staw）編著（康乃狄克州格林尼治：JAI Press），第二八九到三一九頁。
5. 布洛克納和威森菲爾德，〈解釋決策反應的整合架構：結果和程序的交互影響〉。
6. 布洛克納、克諾夫斯基（M. Konovsky）、施奈德（R. Cooper-Schneider）、福爾杰、馬汀和拜斯（一九九四年），〈失業受害者和倖存者程序公平和結果負面性的交互影響〉（The Interactive Effects of Procedural Justice and Outcome Negativity on the Victims and Survivors of Job Los），《管理學會期刊》（Academy of Management Journal）第三十七期：第三九七到四〇九頁。
7. 布洛克納（二〇〇六年），〈公平為什麼那麼難？〉（Why It's So Hard to Be Fair），《哈佛商業評論》（Harvard Business Review）第八十四期：第一二二到一二九頁。
8. 葛林伯格（一九九〇年），〈看似公平與力求公平：組織公平的管理印象〉（Looking Fair vs. Being Fair: Managing Impressions of Organizational Justice），《組織行為研究》，卡明斯和史達編著（康乃狄克州格林尼治：JAI Press），第一一一到一五七頁。
9. 林德等人，〈員工變原告的曲折發展：錯誤結束聲明的情境和心理決定因素〉；布洛克納等人，〈失業受害者和倖存者程序公平和結果負面性的交互影響〉。
10. 艾森伯格、利伯曼（M. D. Lieberman）和威廉斯（K. D. Williams）（二〇〇三年），〈拒絕會痛嗎？

社會排斥的功能性磁振造影研究〉（Does Rejection Hurt? An fMRI Study of Social Exclusion），《科學》（Science）雜誌第三〇二期：第二九〇到二九二頁。

11. 范登博斯、哈姆（J. Ham）、林德和西蒙尼斯（M. Simonis）、范埃森（W. J. van Essen）和瑞吉奇瑪（M. Rijpkema）（二〇〇八年），〈公平和人體警報系統：驚嘆號和閃光燈對公平判斷過程的影響〉（Justice and the Human Alarm System: The Impact of Exclamation Points and Flashing Lights on the Justice Judgment Process），《實驗社會心理學期刊》（Journal of Experimental Social Psychology）第四十四期：第二〇一到二一九頁。

12. 梅爾、戴維斯（J. H. Davis）和休爾曼（F. D. Schoorman）（一九九五年），〈組織信任的整合模型〉（An Integrative Model of Organizational Trust），《管理學會評論》（Academy of Management Review）第二十期：第七〇九到七三四頁；盧梭、席特金（S. B. Sitkin）、伯特（R. S. Burt）和卡莫勒（C. Camerer）（一九九八年），〈畢竟差別不大：信任的跨學科觀點〉（Not So Different After All: A Cross-Discipline View of Trust），《管理學會評論》第二十三期：第三九三到四〇四頁。

13. 布洛克納、希戈爾、達利（J. Daly）、泰勒和馬汀（一九九七年），〈信任關鍵：結果有利性的適度效應〉（When Trust Matters: The Moderating Effect of Outcome Favorability），《管理科學季刊》第四十二期：第五五八到五八三頁。

14. 畢安奇和布洛克納（二〇一二年），〈信任性格預測員工的程序公平認知〉（Dispositional Trust Predicts Employees' Perceptions of Procedural Fairness），《組織行為和人類決策過程》（Organizational Behavior and Human Decision Processes）第一一八期：第四十六到五十九頁。

15. 德高伊（P. Degoey）（二〇〇〇年），〈傳染性公平：探索組織公平的社會結構〉（Contagious Justice: Exploring the Social Construction of Justice in Organizations），《組織行為研究》史達和薩頓（R. I.

Sutton）編著（康乃狄克州格林尼治：JAI Press），第五十一到一〇二頁。

16. 范登博斯、布魯恩斯（J. Bruins）、威爾克（H. A. M. Wilke）和莊克爾（E. Dronkert）（一九九九年），〈有時候不公平程序也有優點：公平過程效應心理學〉（Sometimes Unfair Procedures Have Nice Aspects: On the Psychology of the Fair Process Effect），《人格和社會心理學期刊》第七十七期：第三二四到三三六頁。

17. 布洛克納（二〇〇二年），〈理解程序公平：高程序公平如何降低或加強結果有利性的影響〉（Making Sense of Procedural Fairness: How High Procedural Fairness Can Reduce or Heighten the Influence of Outcome Favorability），《管理學會評論》第二十七期：第五十八到七十六頁；布洛克納（二〇一〇年），《組織公平的現代觀點：在傷口上狠踹一腳》（A Contemporary Look at Organizational Justice: Multiplying Insult Times Injury）（紐約：Routledge）。

18. 傑諾夫 - 鮑爾曼（一九七九年），〈性格和行為自責：沮喪和強姦調查〉（Characterological versus Behavioral Self-Blame: Inquiries into Depression and Rape），《人格和社會心理學期刊》第三十七期：第一七九八到一八〇九頁。

19. 德威克（一九九九年），《自我理論：對於動機，人格和發展的影響》（Self -Theories: Their Role in Motivation, Personality and Development）（費城：心理出版社）。

20. 格蘭特，〈培養孩子道德心〉（Raising a Moral Child），《紐約時報》，二〇一四年四月十一日。。

21. 阿瑪泊和克萊默（二〇一一年），《進步定律：利用小成就激發工作熱情，向心力和創造力》（The Progress Principle: Using Small Wins to Ignite Joy, Engagement, and Creativity at Work）（波士頓：哈佛商學院出版社）。

22. 史帝爾，〈自我肯定心理學〉：布洛克納、希尼爾和威爾許（二〇一四年），〈企業自願服務、自我誠信體驗和組織承諾：現場證據〉（Corporate Volunteerism, the Experience of Self-Integrity, and Organizational Commitment: Evidence from the Field），《社會正義研究》（Social Justice Research）第二十七期：第一到二十三頁。

23. 葛朗理克、布洛克納和希戈爾（二〇〇〇年），〈鑑定外派人員提前離開風險：結果有利性和程序公平性的交互影響〉（Identifying International Assignees at Risk for Premature Departure: The Interactive Effect of Outcome Favorability and Procedural Fairness），《應用心理學期刊》（Journal of Applied Psychology）第八十五期：第十三到二十頁。

24. 葛林伯格（一九九四年），〈利用社會公平待遇提高職場禁煙接受度〉（Using Socially Fair Treatment to Promote Acceptance of a Work Site Smoking Ban），《應用心理學期刊》第七十九期：第二八八到二九七頁。

25. 葛林伯格（一九九〇年），〈員工偷竊反應不公平低薪：減薪的隱藏成本〉（Employee Theft as a Reaction to Underpayment Inequity: The Hidden Cost of Pay Cuts），《應用心理學期刊》第七十五期：第五六一到五六八頁。

第三章

1. 奧尼爾（J. O' Neill）（二〇〇一年），〈打造更好的全球經濟金磚四國〉（Building Better Global Economic BRICs），《高盛全球經濟研究報告》（Goldman Sachs Global Economic Paper）第六十六號。

2. 比爾，〈領導變革〉：吉克（二〇〇二年），〈管理變革〉（Managing Change），《隨身管理學院》（The Portable MBA in Management 第二版，柯恩（A. Cohen）編著（紐約：Wiley）；科特（一九九六

年），《領導變革》（Leading Change）（波士頓：哈佛商學院出版）。
3. 莫里森（一九六六年），《人、機器和現代》（Men, Machines, and Modern Times）（麻省劍橋：麻省理工學院出版）。
4. 比爾，〈領導變革〉。
5. 吉克，〈管理變革〉。”
6. 蘭格，伯蘭克和車諾維茲（一九七八年），〈看似周密行動的盲目性：帶有「催眠」作用的訊息在人際交往中的作用〉（The Mindlessness of Ostensibly Thoughtful Action: The Role of 'Placebic' Information in Interpersonal Interaction），《人格和社會心理學期刊》第三十六期：第六三五到六四二頁。
7. 卡尼曼和特維斯基（一九八四年），〈選擇、價值與架構〉（Choices, Values, and Frames），《美國心理學家》（American Psychologist）期刊第三十九期：第三四一到三五〇頁。
8. 希金斯（一九九七年），〈超越喜悅和痛苦〉（Beyond Pleasure and Pain），《美國心理學家》期刊第五十二期：第一二八〇到一三〇〇頁。
9. 伊德森、利伯曼和希金斯（二〇〇〇年），〈辨別無損失的獲得和無獲利的損失：快樂強度的調節焦點觀點〉（Distinguishing Gains from Nonlosses and Losses from Nongains: A Regulatory Focus Perspective on Hedonic Intensity），《實驗社會心理學期刊》第三十六期：第二五二到二七四頁。
10. 范迪克和克魯格（二〇〇四年），〈回饋標示對動機的作用：調節焦點是調整機制？〉（Feedback Sign Effect on Motivation: Is It Moderated by Regulatory Focus?），《應用心理學：全球評論》（Applied Psychology: An International Review）第五十三期：第一一三到一三五頁。
11. 史塔姆（A. Stam）、范尼朋伯格（D. Van Knippenberg）和維斯（B. Wisse）（二〇一〇年），〈願景領導的調節強健作用〉（The Role of Regulatory Fit in Visionary Leadership），《組織行為期刊》（Journal

of Organizational Behavior）第三十一期：第四九九到五一八頁。

12. 希金斯（一九九八年），〈趨利和避害：調節焦點為動機原則〉（Promotion and Prevention: Regulatory Focus as a Motivational Principle），《實驗社會心理學發展》，扎納編著（M. P. Zanna）（紐約：Academic Press），第一到四十六頁。

13. 《紐約時報》，二〇〇〇年十月十二日，http://www.nytimes.com/2000/10/12/business/2-americans-win-the-nobel-for-economics.html。

14. 吉克，《管理變革》。

15. 斯金納（一九七二年），《超越自由與尊嚴》（Beyond Freedom and Dignity）（紐約：Vintage Books）。

16. 柯爾（一九七五年），〈期待A，鼓勵B的愚行〉，《管理學會期刊》第十八期：第七六九至七八三頁。

17. 班度拉（一九七七年），《社會學習論》（Social Learning Theory）（牛津：Prentice-Hall）。

18. 科特和海斯科特（一九九二年），《企業文化與績效》（Corporate Culture and Performance）（紐約：The Free Press）。

19. 洛克伍德、喬登和康妲（二〇〇二年），〈正面或負面榜樣激勵：調節焦點決定誰會適合啟發我們〉（Motivation by Positive or Negative Role Models: Regulatory Focus Determines Who Will Best Inspire Us），《人格和社會心理學期刊》第八十三期：第八五四至八六四頁。

20. 懷特（一九五九年），〈動機反思：能力概念〉（Motivation Reconsidered: The Concept of Competence），《心理學評論》第六十六期：第二九七至三三三頁。

21. 阿瑪泊和克萊默，《進步定律》，第五十九頁。

22. 同上，第七十一頁。

23. 同上。

24. 阿希（一九五一年），〈群體壓力對判斷調整和失常的影響〉（Effects of Group Pressure on the Modification and Distortion of Judgments），蓋茲柯（H. Guetzkow）等編，《群體、領導和人》（Groups, Leadership and Men）（匹茲堡：Carnegie Press），第一七七至一九〇頁。

25. 費斯廷格（一九五四年），〈社會比較過程理論〉（A Theory of Social Comparison Processes），《人際關係》（Human Relations）第七期：第一一七至一四〇頁。

26. 布洛克納等人（一九九七年），〈其他倖存者反應對裁員倖存者的影響〉（The Effects on Layoff Survivors of Their Fellow Survivors' Reactions），《應用社會心理學期刊》（Journal of Applied Social Psychology）第十期：第八三五至八六三頁。

27. 萊維特（H. J. Leavitt）（一九五一年），〈特定溝通模式對群體表現的影響〉（Some Effects of Certain Communication Patterns on Group Performance），《異常和社會心理學期刊》（Journal of Abnormal and Social Psychology）第四十六期：第三十八至五十頁。

28. 坎特（一九八二年），〈管理參與的困境〉（Dilemmas of Managing Participation），《組織動力學》（Organizational Dynamics）第十一期：第三至二十一頁。

29. 布里爾（S. Brill），〈紅色警戒〉（Code Red），《時代》雜誌，二〇一四年三月十日。

30. 奈特和倍爾（二〇一四年），〈起來，站起來：非久坐工作空間對資料製作和群體績效的影響〉（Get Up, Stand Up: The Effects of a Non-Sedentary Workspace on Information Elaboration and Group Performance），《社會心理和人格學》（Social Psychological and Personality Science）第五期：第九一〇至九一七頁。

31. 埃姆斯、麥森（Maissen）和布洛克納（二〇一二年），〈聆聽對影響人際關係的作用〉（The Role

of Listening in Interpersonal Influence），《人格研究期刊》（Journal of Research in Personality）第四十六期：第三四五至三四九頁。

32. 米勒、伯格和阿切爾（一九八三年），〈敞心人：引導私密自我表露的人〉（Openers: Individuals Who Elicit Intimate Self-Disclosure），《人格和社會心理學期刊》第四十四期：第一二三四至一二四四頁。

第四章

1. 史帝爾，《自我肯定心理學》，第三六二頁。
2. 心理學家探討控制概念時，主要從主動性和影響力二方面著手。自主理論學家如戴奇和萊恩（Richard Ryan）認為控制與主動性有關，也就是人看待自己是自己行為的推動者程度。主動代表自己認為可以選擇做什麼或不做什麼。不主動指的是認為自己的行為來自外在的強制。另一批控制理論學家如羅特（Julian Rotter）和賽利格曼（Martin Seligman）認為，控制與影響力有關，也就是人認為自己的行為和形成的結果之間有多少關連性。有影響力指的是認為自己的行為影響其結果。沒有影響力指的是人認為自己的行為和結果之間很少有或沒有任何關連；相反地，結果由權威人士或意外事件控制：戴奇和萊恩（一九八五年），《人類行為的內在動機和自主性》（Intrinsic Motivation and Self-Determination in Human Behaviour）（紐約：Plenum Press）；羅特（一九六六年），〈內外部控制加強的普遍期待〉（Generalized Expectancies for Internal versus External Control of Reinforcement）《心理學專著》（Psychological Monographs）第八十期：第六〇九號；塞利格曼（二〇〇六年），《習得的樂觀：翻轉想法和人生》（Learned Optimism: How to Change Your Mind and Your Life）（紐約：

Alfred A. Knopf）。

3. 費斯廷格（一九五七年），《認知失調理論》（A Theory of Cognitive Dissonance）（史丹福：史丹福大學出版社）。

4. 津巴多（P. G. Zimbardo）、維森伯格（M. Weisenberg）、凡世通（I. Firestone）和列維（B. Levy）（一九六五年），〈產生從眾和個人態度轉變的傳播者效應〉（Communicator Effectiveness in Producing Public Conformity and Private Attitude Change）《人格期刊》（Journal of Personality）第三十三期：第二三三到二五五頁。

5. 史帝爾，《自我肯定心理學》。

6. 維森伯格、布洛克納和馬汀（一九九年），〈倖存者對於組織裁員不公的自我肯定分析〉（A Self-Affirmation Analysis of Survivors' Reactions to Unfair Organizational Downsizings），《實驗社會心理學期刊》第三十五期：第四四一到四六〇頁。

7. 比爾，〈領導變革〉。

8. 凱伯、吉諾和史塔茲，〈訓練員工還是誘導他們最好的表現？〉

9. 黑克曼和歐德姆（一九八〇年），《工作再設計》（Work Redesign）（麻省瑞丁：Addison-Wesley）。

10. 格蘭特、坎貝爾（E. M. Campbell）、陳（G. Chen）、戈東尼（K. Cottone）、拉匹迪司（D. Lapedis）和李（K. Lee）（二〇〇七年），〈動機維持影響和技巧：持續行為受惠者的聯繫效應〉（Impact and the Art of Motivation Maintenance: The Effects of Contact with Beneficiaries on Persistence Behavior），《組織行為和人類決策過程》第一〇三期：第五十三到六十七頁。

11. 卡夫特（D. Kraft），〈放射科醫師增加人情味：照片效應〉（Radiologist Adds a Human Touch:

Photos），《紐約時報》，二〇〇九年四月六日。

12. 格蘭特（二〇〇七年），〈親社會關係工作設計和動機〉（Relational Job Design and the Motivation to Make a Prosocial Difference），《管理學會評論》第三十二期：第三九三到四一七頁。

13. 瑞斯尼斯基、伯格、格蘭特、科高斯基（J. Kurkoski）和魏爾（B. Welle）（二〇一五年），《工作心態：實現長期工作幸福效益》（Job Mindsets: Achieving Long-Term Gains in Happiness at Work）（未出版原稿）。

14. 蘭格和羅登，《選擇效應和加強老年照護個人責任》。

15. 瑞斯尼斯基和達頓（二〇〇一年），〈塑造工作：讓員工成為主動工作塑造者〉（Crafting a Job: Revisioning Employees as Active Crafters of Their Work），《管理學會評論》第二十六期：第一七九到二〇一頁。

16. 瑞斯尼斯基等，《工作心態》。

17. 同上。

18. 同上。

19. 沈、克拉穆和賈林斯基（二〇一五年），《控制的恩澤：如何反映我們能夠控制的事物促進生理和心理健康》（The Grace of Control: How Reflecting on What We Can Control Increases Physiological and Psychological Well-Being）（未出版原稿）。

20. 史帝爾和艾倫森（J. Aronson）（一九九五年），〈刻板印象威脅和非裔美人的智力測驗成績〉（Stereotype Threat and the Intellectual Test Performance of African-Americans），《人格和社會心理學期刊》第六十九期：第七九七到八一一頁。

21. 史賓賽（S. J. Spencer）、史帝爾和奎恩（D. M. Quinn）（一九九九年），〈刻板印象威脅和女性數學成績〉（Stereotype Threat and Women's Math Performance），《實驗社會心理學期刊》第三十五期：第四到二十八頁。

22. 科恩、嘉西亞（J. Garcia）、愛普菲爾（N. Apfel）和邁司特（A. Master）（二〇〇六年），〈降低種族成就差距：社會心理學介入〉（Reducing the Racial Achievement Gap: A Social-Psychological Intervention），《科學》第三一三期：第一三〇七到一三一〇頁；科恩、嘉西亞、波帝凡司（V. Purdie-Vaughns）、愛普菲爾和伯魯斯塔斯基（P. Brzustoski）（二〇〇九年），〈自我肯定遞歸過程：介入至消弭弱勢成就差距〉（Recursive Processes in Self-Affirmation: Intervening to Close the Minority Achievement Gap），《科學》第三二四期：第四〇〇到四〇三頁。

23. 史汀森、勒果（C. Logel）、謝佛德（S. Shepherd）和贊納（M. P. Zanna）（二〇一一年），〈重寫社會排斥的自我實現預言：二個月後自我肯定改善關係安全感和社會行為〉（Rewriting the Self-Fulfilling Prophecy of Social Rejection: Self-Affirmation Improves Relational Security and Social Behavior Up to 2 Months Later），《心理學》第二十二期：第一一四五到一一四九頁。

24. 沃爾頓和科恩（二〇一一年），〈短暫社會歸屬干預改善弱勢學生的學業和健康結果〉（A Brief Social-Belonging Intervention Improves Academic and Health Outcomes of Minority Students），《科學》第三百三十一期：第一四四七到一四五一頁。

25. 德威克（二〇〇六年），《心態：新成功心理學》（Mindset: The New Psychology of Success）（紐約：Random House）。

26. 布里奇斯（一九八八年），《倖存企業轉型：理性管理併購、創業、裁員、企業撤資、放鬆管制和新科技世界》（Surviving Corporate Transition: Rational Management in a World of Mergers, Start-Ups, Takeovers, Layoffs, Divestitures, Deregulation and New Technologies）（紐約：Doubleday）。

27. 瑞斯尼斯基，《工作心態：實現長期工作幸福效益》。

28. 陳和鮑切爾（二〇〇八年），〈關係自我為自我肯定資源〉（Relational Selves as Self-Affirmational Resources），《人格研究期刊》第四十二期：第七一六至七三三頁。

29. 柳波莫斯基（二〇〇八年），《這一生的幸福計畫》（The How of Happiness: A Scientific Approach to Getting the Life You Want）（紐約：Penguin Press）。

30. 布洛克納、史畢茲（G. Spreitzer）、密什拉（A. Mishra）、哈寇特（W. Hochwarter）、佩柏（L. Pepper）和溫伯格（J. Weinberg）（二〇〇四年），〈感知控制解除裁員倖存者組織承諾和工作表現的負面影響〉（Perceived Control as an Antidote to the Negative Effects of Layoffs on Survivors' Organizational Commitment and Job Performance）《管理科學季刊》第四十九期：第七十六到一〇〇頁。

31. 薩齊克和艾佛森（二〇〇六年），〈高參與性管理和裁員：競爭優勢或弱點？〉（High-Involvement Management and Workforce Reduction: Competitive Advantage or Disadvantage?）《管理學會期刊》第四十九期：第九九九到一〇一五頁。

32. 布洛克納、希尼爾和威爾許，《企業自願服務》。

33. 德米克（M. DeMichele）（一九九四年），《改革就緒文化的克服障礙效果》〈Overcoming Barriers with a Change-Ready Culture〉（達拉斯舉行的管理學會研討會發表文章）。

34. 羅絡夫、布洛克納和威森菲爾德（二〇一二年），〈過程公平真實性在二十一世紀談判的作用〉（The Role of Process Fairness Authenticity in 21st Century Negotiations），《二十一世紀職場的談判心理學：全新挑戰和解決方案》（The Psychology of Negotiations in the 21st Century Workplace: New Challenges and New Solutions）高德曼（B. M. Goldman）和夏皮羅（D. L. Shapiro）編著（紐約：Routledge/

Taylor & Francis Group），第四十五至七十三頁。
35. 薩齊克和艾佛森，〈高參與性管理和裁員〉。
36. 奚莫爾、阿恩特（J. Arndt）、班科（K. M. Banko）和庫克（A. Cook）（二〇〇四年），〈非所有自我肯定皆平等：肯定內在（與）外在自我的認知和社會效益〉（Not All Self-Affirmations Were Created Equal: The Cognitive and Social Benefits of Affirming the Intrinsic (vs.) Extrinsic Self），《社會認知》（Social Cognition）第二十二期：第七十五到九十九頁。
37. 謝爾曼、科恩、尼爾森（L. D. Nelson）、納斯鮑姆（A. D. Nussbaum）、邦言（D. P. Bunyan）和加西亞（J. Garcia）（二〇〇九年），〈無意識的肯定：探究察覺在自我肯定過程的作用〉（Affirmed Yet Unaware: Exploring the Role of Awareness in the Process of Self-Affirmation），《人格和社會心理學期刊》第九十七期：第七四五到七六四頁。
38. 克拉里、史奈德、里奇（R. D. Ridge）、卡普蘭（J. Copeland）、斯圖卡斯（A. A. Stukas）和豪根（J. Haugen et al）等人（一九九八年），〈理解和測試志工動機：從功能談起〉（Understanding and Assessing the Motivations of Volunteers: A Functional Approach），《人格和社會心理學期刊》第七十四期：第一五一六到一五三〇頁。
39. 布洛克納、希尼爾和威爾許，〈企業自願服務〉。
40. 謝爾曼、邦言、克雷斯韋爾（J. D. Creswell）和吉瑞卡（L. M. Jaremka）（二〇〇九年），〈心理脆弱和壓力：自我肯定對應自然壓力交感神經系統反應的效果〉（Psychological Vulnerability and Stress: The Effects of Self-Affirmation on Sympathetic Nervous System Responses to Naturalistic Stressors），《健康心理學》第二十八期：第五五四到五六二頁。
41. 謝爾曼等人，〈無意識的肯定〉。

第五章

1. 塔夫勒和萊因戈爾德（J. Reingold）（二〇〇三年），《決算安達信：野心、貪婪與倒閉》（紐約：Broadway Books）。
2. 崔唯諾和布朗（二〇〇四年），〈道德管理：破除五項商業道德迷思〉（Managing to Be Ethical: Debunking Five Business Ethics Myths），《高層管理學會》（Academy of Management Executive）第十八期：第六十九到第八十一頁，第七十四頁引述。
3. 葛林伯格，〈員工偷竊反應不公平低薪：減薪的隱藏成本〉。
4. 崔唯諾和威佛（二〇〇一年），〈組織正義和道德計畫貫徹執行：員工行為好壞的影響〉（Organizational Justice and Ethics Program Follow Through: Influences on Employees’ Helpful and Harmful Behavior），《商業道德季刊》（Business Ethics Quarterly）第十一期：第六五一至六七一頁，第七十四頁引述。
5. 利文撒爾、卡露薩和弗萊，〈公平性除外：分配偏好理論〉。
6. 福爾杰（二〇〇一年），〈道德義務論〉（Fairness as Deonance），《管理方面的社會議題研究》（Research in Social Issues in Management）吉利蘭（S. W. Gilliland）、施泰納（D. D. Steiner）和史卡爾力奇（D. P. Skarlicki）編著（康乃迪克州格林威治市：Information Age），第三到三十一頁。
7. 蒂博和沃克，《程序公平》。
8. 林德和泰勒，《程序公平的社會心理學》。
9. 阿基諾和瑞德二世（二〇〇二年），〈道德認同的自我重要性〉（The Self-Importance of Moral Identity），人格和社會心理學期刊》第八十三期：第一四二三到一四四〇頁。

10. 沃和安布羅絲（二〇一四年），〈涓滴效應的多樣中介模式〉（A Multiple Mediator Model of Trickle-Down Effects），《組織正義的社會動態》（The Social Dynamics of Organizational Justice），吉利蘭、施泰納和史卡爾力奇編著（北卡羅來納州格夏洛特市：Information Age 出版）。

11. 史卡爾力奇、范嘉斯維爾德（D. D. van Jaarsveld）和沃克（D. D. Walker）（二〇〇八年），〈回敬無理顧客：道德認同影響顧客人際不公和員工破壞之間的關係〉（Getting Even for Customer Mistreatment: The Role of Moral Identity in the Relationship between Customer Interpersonal Injustice and Employee Sabotage），《應用心理學期刊》第九十三期：第一三三五到一三四七頁。

12. 安布羅絲、施明克和梅爾（二〇一三年），〈管理者人際公平認知的涓滴效應：溫和調解做法〉（Trickle-Down Effects of Supervisor Perceptions of Interactional Justice: A Moderated Mediation Approach），《應用心理學期刊》第九十八期：第六七八到六八九頁。

13. 古爾德納（一九六〇年），〈互惠準則：初步聲明〉（The Norm of Reciprocity: A Preliminary Statement），《美國社會評論》（American Sociological Review）第二十五期：第一六一到一七八頁；菲爾（E. Fehr）和亨利希（J. Henrich）（二〇〇三年），〈強烈互惠是適應不良嗎？人類利他主義的進化基礎〉（Is Strong Reciprocity a Maladaptation? On the Evolutionary Foundations of Human Altruism），《合作的遺傳和文化進化》（Genetic and Cultural Evolution of Cooperation），漢默斯坦（P. Hammerstein）編（麻省劍橋：麻省理工出版社），第五十五到八十二頁。

14. 沃和安布羅絲，〈管理者人際公平認知的涓滴效應：溫和調解做法〉。

15. 班度拉，《社會學習論》。

16. 安布羅絲、施明克和梅爾，〈管理者人際公平認知的涓滴效應〉；厄爾泰澤（L. Altizer）（二〇一三年），〈文化競爭優勢：近期危機管理失敗的教訓〉（Turn Culture into Competitive Advantage:

Lessons from Recent Risk Management Failures），《生命科學驗證》（Life Science Compliance）第二期：第六到十五頁。

17. 吉諾、諾頓（M. I. Norton）和阿雷利（D. Ariely）（二〇一〇年），〈假我：仿冒的欺騙代價〉（The Counterfeit Self: The Deceptive Costs of Faking It），《心理學》第二十一期：第七一二到七二〇頁，第七一二頁引述。

18. 阿倫森（E. Aronson）和馬太（D. R. Mettee）（一九六八年），〈欺騙行為發揮誘導自尊差異功能〉（Dishonest Behavior as a Function of Differential Levels of Induced Self-Esteem），《人格和社會心理學期刊》第九期：第一二一到一二七頁。

19. 沃斯和斯庫勒（二〇〇八年），〈相信自由意識的價值：鼓勵相信決定論增加欺騙〉（The Value of Believing in Free Will: Encouraging a Belief in Determinism Increases Cheating），《心理學》第十九期：第四十九到第五十四頁。

20. 巴薩夫和范里爾（二〇一一年），〈金融業員工的控制焦點和道德行為的關係〉（The Relationship between Locus of Control and Ethical Behaviour among Employees in the Financial Sector），《Koers》第七十六期：第二八三到三〇三頁。

21. 普賴爾（J. B. Pryor）、吉本斯（F. X. Gibbons）、威克蘭德（R. A. Wicklund）、菲齊奧（R. H. Fazio）和胡德（R. Hood）（一九七七年），〈自我集中注意力和自我報告有效性〉（Self-Focused Attention and Self-Report Validity），《人格期刊》第四十五期：第五一三到五二七頁。

22. 蘇、馬扎（N. Mazar）、吉諾、阿雷利和貝澤曼（M. H. Bazerman）（二〇一二年），〈開頭簽名比起結尾簽名，更能凸顯道德並減少不實自我報告〉（Signing at the Beginning Makes Ethics Salient and Decreases Dishonest Self-Reports in Comparison to Signing at the End），《國家科學院會議紀錄》

（Proceedings of the National Academy of Sciences）第一〇九期：第一五一九七到一五二〇〇頁。
23. 小史旺（二〇一二年），〈自我驗證理論〉（Self-Verification Theory），《社會心理學理論手冊》（Handbook of Theories of Social Psychology），范郎（P. Van Lang）、庫魯格蘭斯基（A. Kruglanski）和希金斯（E. T. Higgins）（倫敦：Sage），第二十三到四十二頁。
24. 阿基諾和瑞德，〈道德認同的自我重要性〉。
25. 詹姆斯（一八九〇年），《心理學原理》（The Principles of Psychology）（紐約：H. Holt and Company）。
26. 鮑麥斯特、布拉茲拉夫斯基（E. Bratslavsky）、穆瑞文和泰斯（一九九八年），〈自我耗損：主動自我是有限資源嗎？〉（Ego Depletion: Is the Active Self a Limited Resource?），《人格和社會心理學期刊》第七十四期：第一二五二到一二六五頁。
27. 海格、伍德（C. Wood）、史提夫（C. Stiff）和恰茲撒拉提斯（N.L.D. Chatzisarantis）（二〇一〇年），〈自我耗損和自我控制的能量模式：整合分析〉（Ego Depletion and the Strength Model of Self-Control: A Meta-Analysis），《心理學公報》第一三六期：第四九五到五二五頁，引述第四九六頁。
28. 霍克史蓋爾德（一九八三年），《情緒管理的探索》（The Managed Heart: The Commercialization of Human Feeling）（柏克萊：加州大學出版社）。
29. 戴索爾斯和桑納賽恩（二〇一五年），〈馴服或被馴服？組織推動改革的憤怒因素如何壓抑動機〉（Temper or Tempered? How Anger Stifles Motivation among Social Change Agents in Organizations）（未出版原稿）。
30. 鮑麥斯特等，〈自我耗損〉。Baumeister et al., "Ego Depletion."
31. 吉諾、米德（N. L. Mead）和阿雷利（二〇一一年），〈擋不住誘惑：自我控制耗損如何引發不道德行為〉（Unable to Resist Temptation: How Self-Control Depletion Promotes Unethical Behavior），《組織行為和人類決策過程》第一一五期：第一九一到二〇三頁。

32. 庫夏奇和史密斯（二〇一四年），〈早晨道德效應：一天時段對（非）道德行為的影響〉（The Morning Morality Effect: The Influence of Time of Day on (Un)ethical Behavior），《心理學》第二十五期：第九十五到一〇二頁，第九十五頁引述。

33. 詹尼斯（一九八二），《I. L. Janis (1982), 《群體思維：政策決定和失敗的心理學研究》（Groupthink: Psychological Studies of Policy Decisions and Fiascoes）（波士頓：Houghton Mifflin）。

34. 丹齊德、拉維夫（J. Levav）和阿夫南 - 佩索（L. Avnaim-Pesso）（二〇一一年），〈司法判決外部因素〉（Extraneous Factors in Judicial Decisions），《國家科學院會議紀錄》第一〇八期：第六八八九到六八九二頁。

35. 許、貝格（L. Begue）和布什曼（B. J. Bushman）（二〇一二年），〈累到不想管：自我耗損、愧疚和親社會行為〉（Too Fatigued to Care: Ego Depletion, Guilt, and Prosocial Behavior），《實驗社會心理學期刊》第四十八期：第一一八三到一一八六頁。

36. 吉諾等，〈擋不住誘惑〉。

37. 塔夫勒（一九八六年），《艱難抉擇：管理人談道德》（Tough Choices: Managers Talk Ethics）（紐約：Wiley）。

38. 梅里特（A. C. Merritt）、艾弗隆（D. A. Effron）和默寧（B. Monin）（二〇一〇年），〈道德自我准許：當乖寶寶可以讓我們使壞〉（Moral Self-Licensing: When Being Good Frees Us to Be Bad），《社會和人格心理學指南》（Social and Personality Psychology Compass）第四期：第三四四到三五七頁，第三四四頁引述。

39. 克拉克森、賀爾特（E. R. Hirt）、嘉（L. Jia）和亞歷山大（M. B. Alexander）（二〇一〇年），〈當認知超越現實：自我調節行為的認知和真實資源耗損〉（When Perception Is More than Reality: The Effects of Perceived versus Actual Resource Depletion on Self-Regulatory Behavior），《人格和社會心理學期刊》第九十八期：第二十九到四十六頁。

40. 泰絲、鮑麥斯特、施默立（D. Shmueli）和穆瑞文（二〇〇七年），〈恢復自我：正面效應提升自我耗損後的自我調節〉（Restoring the Self: Positive Affect Helps Improve Self-Regulation Following Ego Depletion），《實驗社會心理學期刊》第四十三期：第三七九到三八四頁。

41. 施麥克和沃斯（二〇〇九年），〈自我肯定和自我控制：確定核心價值減緩自我耗損〉（Self-Affirmation and Self-Control: Affirming Core Values Counteracts Ego Depletion），《人格和社會心理學期刊》第九十六期：第七七〇到七八二頁。

42. 穆瑞文和史萊莎瑞娃（二〇〇三年），〈自我控制機制故障：動機和有限資源〉（Mechanisms of Self-Control Failure: Motivation and Limited Resources），《人格和社會心理公報》第二十九期：第八九四到九〇六頁。

43. 同上。

44. 許、沃斯和鮑麥斯特（二〇〇九年），〈金錢的象徵力量：金錢提示改變社會壓力和肉體痛苦〉（The Symbolic Power of Money: Reminders of Money Alter Social Distress and Physical Pain），《心理學》第二十期：第七〇〇到七〇六頁。

45. 鮑切爾和寇弗斯（二〇一二年），〈金錢概念抵銷自我耗損效應〉（The Idea of Money Counteracts Ego Depletion Effects），《實驗社會心理學期刊》第四十八頁：第八〇四到八一〇頁。

46. 庫夏奇、史密斯-克洛（K. Smith-Crowe）、伯力夫（A. P. Brief）和蘇薩（C. Sousa）（二〇一三年），〈見

錢眼開：純粹接觸金錢概念即可引發不道德行為〉（Seeing Green: Mere Exposure to the Concept of Money Triggers Unethical Behavior），《組織行為和人類決策過程》第一二一期：第五十三到六十一頁。

47. 格蘭特等，〈動機維持影響和技巧〉。

48. 戴奇、寇斯納（R. Koestner）和萊恩（一九九九年），〈評估外在獎勵對內在動機影響實驗的整合分析評論〉（A Meta-Analytic Review of Experiments Examining the Effects of Extrinsic Rewards on Intrinsic Motivation），《心理學公報》第一二五期：第六二七到六六八頁。

49. 瑞斯尼斯基、施瓦茲、康（X. Cong）、凱恩（M. Kane）、奧馬爾（A. Omar）和寇爾迪茲（T. Kolditz）（二〇一四年），〈多類型動機無法加倍西點軍校學生的動機〉（Multiple Types of Motives Don't Multiply the Motivation of West Point Cadets），《國家科學院會議紀錄》第一一一期：第一〇九九〇到一〇九九五頁。

50. 巴恩斯、蕭布洛克（J. Schaubroeck）、胡特（M. Huth）和顧曼（S. Ghumman）（二〇一一年），〈缺乏睡眠和不道德行為〉（Lack of Sleep and Unethical Conduct），《組織行為和人類決策過程》第一一五期：第一六九到一八〇頁。

51. 亞布拉罕森（二〇〇四年），《無痛改造》（Change without Pain: How Managers Can Overcome Initiative Overload, Organizational Chaos, and Employee Burnout）（波士頓：哈佛商學院出版）。

第六章

1. 哈特卡里斯（A. Hartocollis）和費茲西蒙斯（E. G. Fitzsimmons），〈伊波拉病毒陰性反應，護理師公民遭隔離〉（Tested Negative for Ebola, Nurse Criticizes Her Quarantine），《紐約時報》，二〇一四年十月二十五日。

2. 蘭格和羅登，，〈選擇效應和加強老年照護個人責任〉。
3. 凱伯、吉諾和史塔茲，〈訓練員工還是誘導他們最好的表現？〉
4. 科恩等，〈自我肯定遞歸過程〉。
5. 庫夏奇和史密斯，〈早晨道德效應〉。
6. 墨林斯基和馬戈里斯（二〇〇五年），〈組織無可避免的災禍和人際敏感度〉（Necessary Evils and Interpersonal Sensitivity in Organizations），《管理學會評論》第三十期，第二四五到二六八頁。
7. 布洛克納和威森菲爾德，〈解釋決策反應的整合架構〉。
8. 墨林斯基和馬戈里斯（二〇〇六年），〈裁員的情緒危機：領導者和機構的潛藏挑戰〉（The Emotional Tightrope of Downsizing: Hidden Challenges for Leaders and Their Organizations），《組織動態學》（Organizational Dynamics）第三十五期：第一四五到一五九頁。
9. 同上。
10. 懷特賽德和巴克萊（二〇一四年），〈公平行為的耗竭效應：想要公平也不夠〉（The Effects of Depletion on Fair Behavior: When Wanting to Be Fair Isn't Enough）（管理學會研討會發表論文，費城）。
11. 戴索爾斯、阿加西（S. Agasi）和拉法利（A. Rafaeli）（二〇一五年），〈飛航暴力事件：檢視顧客不當行為的情境預測因子和心理機制〉（Antecedents of Air Rage: Examining the Contextual Predictors and Psychological Mechanisms of Customer Mistreatment）（未出版稿件）。
12. 羅斯曼、惠勒－史密斯、懷特賽德和賈林斯基（二〇一五年），〈得到權力卻失去地位：為何不公平領導者由公平領導者選出〉（Gaining Power but Losing Status: Why Unfair Leaders Are Selected over Fair Leaders）（未出版原稿）。

13. 同上。

14. 林德和泰勒，《程序公平的社會心理學》。

15. 羅斯曼等，〈得到權力〉。

16. 墨林斯基、格蘭特和馬戈里斯（二〇一二年），〈經濟人的醫病態度：引發經濟模式如何和為何減弱同情心〉（The Bedside Manner of Homo Economicus: How and Why Priming an Economic Schema Reduces Compassion），《組織行為和人類決策過程》第一一九期：第二十七到三十七頁。

17. 同上。

18. 威森菲爾德、布洛克納和蒂博（V. Thibault）（二〇〇〇年），〈程序公平、管理者自尊和裁員後的管理行為〉（Procedural Fairness, Managers' Self-Esteem, and Managerial Behaviors Following a Layoff），《組織行為和人類決策過程》第八十三期：第一到三十二頁。

19. 巴薩德（二〇〇二年），〈漣漪效應：情緒感染和對群體行為的影響〉（The Ripple Effect: Emotional Contagion and Its Influence on Group Behavior），《管理學季刊》第四十七期：第六四四到六七五頁。

20. 威森菲爾德、布洛克納和蒂博，〈程序公平〉。

21. 羅斯曼等，〈得到權力〉。

22. 范迪克、范夸魁北克和布洛克納（二〇一五年），〈自我防衛：重新評估但不壓抑減緩合作低程序公平性的負面效應〉（"In Self-Defense: Reappraisal but Not Suppression Buffers the Negative Impact of Low Procedural Justice on Cooperation）（未出版原稿）。

23. 葛洛斯和約翰（O. P. John）（二〇〇三年），〈二種情緒調節過程的個別差異：影響、關係和幸福感〉

（Individual Differences in Two Emotion Regulation Processes: Implications for Affect, Relationships, and Well- Being），《人格和社會心理學期刊》第八十五期：第三四八到三六二頁。

24. 墨林斯基和馬戈里斯，〈裁員的情緒危機〉。

25. 斯卡爾利基和萊薩姆（G. P. Latham）（二〇〇五年），〈領導者可以訓練其公平性嗎？〉，《組織公平手冊》（Handbook of Organizational Justice），葛林伯格和科爾奎特（J. Colquitt）編著（新紐澤西州馬瓦市：Lawrence Erlbaum Associates）第四九九到五二四頁。

26. 同上。

27. 葛林伯格（二〇〇六年），〈因組織不公失眠：以互動公平督導訓練減緩不公減薪的失眠反應〉（Losing Sleep over Organizational Injustice: Attenuating Insomniac Reactions to Underpayment Inequity with Supervisory Training in Interactional Justice），《應用心理學期刊》第九十一期：第五十八到六十九頁。

28. 瓦納斯（J. P. Wanous）（一九八〇年），《組織入學：新人招聘、選拔和社會化》（Organizational Entry: Recruitment, Selection, and Socialization of Newcomers）（麻省瑞丁：Addison-Wesley）。

29. 墨林斯基和馬戈里斯，〈裁員的情緒危機〉。

30. 同上。

31. 范迪克、范夸魁北克和布洛克納，〈自我防衛〉。

32. 湯馬士（D. A. Thomas）和克里利（S. Creary）（二〇〇九年），〈百事公司迎接多元化挑戰：雷蒙德時代〉（Meeting the Diversity Challenge at PepsiCo: The Steve Reinemund Era），《哈佛商學院個案》（Harvard Business School Case）第四一〇—〇二四號。

33. 邱曲，與作者私人交流。

34. 達林、帕里和摩爾（二〇〇五年），〈戰鬥式學習〉（Learning in the Thick of It），《哈佛商業評論》第八十三期：第八十四到九十二頁。

35. 斯卡爾利基和萊薩姆，〈領導者可以訓練其公平性嗎？〉